Der projektierte Flug

des Luftschiffs „SUCHARD"

über den Atlantischen Ozean

München und Berlin

Druck und Verlag von R. Oldenbourg

1911

Vorwort.

Diese Broschüre wurde hauptsächlich zu dem Zweck verfaßt, gewisse irrtümliche Angaben richtigzustellen, die über unsere geplante Expedition und die Einrichtungen des Luftschiffes »Suchard« verbreitet worden sind.

Auch war es uns darum zu tun, die wissenschaftlichen und technischen Grundlagen unserer Expedition festzulegen und der breiten Öffentlichkeit zu übergeben.

Wir richten an alle, welche an unserer Expedition ein Interesse nehmen, vor allem aber an die Presse und an jene, welche ein Urteil über die Expedition fällen, die Bitte, die in dieser Broschüre niedergelegten Angaben als maßgebend zu betrachten und als Richtschnur zu nehmen.

München, den 1. Juni 1911.

Die Transatlantische Flugexpedition.

I. Einleitung.

Die ersten Aufstiege bemannter Ballons gegen Ende des Jahres 1783 erregten die Bewunderung aller Zeitgenossen. Glaubte man doch hart vor der Erfüllung jener uralten Sehnsucht des Menschengeistes zu stehen, die schon in den Sagen der ältesten Kulturvölker zum Ausdruck kommt.

Der Mensch hatte fliegen gelernt. Allerdings war der Ballon noch ein Spiel des Windes, der Verlauf der Fahrt nicht im Willen der Insassen gelegen. Es erschien aber als ein verhältnismäßig leichtes Problem, den Ballon lenkbar zu machen, und mit anerkennenswertem Eifer warfen sich Scharen von Erfindern und Forschern auf die Lösung der vielversprechenden Aufgabe. Wir wissen heute, daß bei dem damaligen Stand der Technik das Problem unausführbar war, und ein mitleidiges Lächeln überkommt uns, wenn wir von den Versuchen hören, mittels Ruder und Segel den Ballon zu steuern. Ein volles Jahrhundert rastlosen Fortschreitens der Wissenschaft und machtvoller Entwicklung der Technik mußte noch vergehen, bis auf vernunftgemäßer, aussichtsreicher Basis an die Lösung des Problems herangetreten werden konnte.

Heute weisen die Kulturstaaten bereits eine ansehnliche Flotte von lenkbaren Luftschiffen auf. Bewundernswerte Proben ihrer Leistungsfähigkeit wurden von den Fahrzeugen der verschiedenen Systeme bereits abgelegt, und das Titanenhafte im Menschen sprach schon in stolzer Genugtuung von der »Eroberung der Luft«. Eine neue Periode gewaltigen Schaffens und Strebens auf dem Gebiete der Luftschiffahrt ist angebrochen.

Es gilt, das Errungene zu vervollkommnen und zu verwerten, und in erster Linie drängt sich die Frage auf, ob das Luftschiff dem praktischen Leben nutzbar gemacht werden kann, vor allem, ob es je als ein beachtenswerter Konkurrent der bestehenden Verkehrsmittel in Betracht kommt.

Von der Beantwortung dieser Fragen hängt es im wesentlichen ab, wie weit wir heute bereits berechtigt sind, von einer »Eroberung der Luft« zu sprechen.

Die Anforderungen, welche an die Sicherheit und Pünktlichkeit unserer modernen Verkehrsmittel gestellt werden, sind außerordentlich hohe.

Solange es sich nur darum handelt, von irgendeinem Orte nach dem anderen zu gelangen, hat die Luftschiffahrt schon gute Erfolge zu verzeichnen. Ihre Unabhängigkeit von künstlichen Fahrstraßen läßt sie sogar unseren gewohnten Verkehrsmitteln überlegen erscheinen. Die Entwicklung unseres heutigen Verkehrslebens entsprang aber nicht aus der fortgesetzten Verdichtung, sondern in gleichem Maße aus der vermehrten Sicherheit und Pünktlichkeit des Betriebes. Nicht allein der Umfang, insbesondere auch die minutiöse Sicherheit der Zeitangaben des Kursbuches sind Zeichen unseres hoch entwickelten Verkehrswesens.

In dieser Hinsicht ist die Luftschiffahrt noch weit entfernt von dem Grade der Leistungsfähigkeit, den unser moderner Eisenbahn- und Schiffsverkehr aufweist und der heute als eine selbstverständliche Forderung aufgestellt wird. Man hat wohl berechnet, daß ein Luftschiff mit nur 10 m Eigengeschwindigkeit pro Sekunde in 90% aller Fälle unabhängig von der zufällig herrschenden Windrichtung nach jeder gewünschten Richtung fahren und selbst in Höhen von nahezu 1000 m noch in 80% direkt gegen den Wind anfahren kann; dies will aber für die Praxis wenig bedeuten. Selbst Luftschiffe mit noch bedeutend erhöhter Eigengeschwindigkeit würden nicht die unbedingt notwendige Pünktlichkeit des Betriebes gewährleisten, da Windrichtung und Windstärke immer als sehr wirksame, zudem noch meist variable Komponenten auftreten.

So erkennen wir ohne weiteres, daß es in erster Linie m e t e o r o l o g i s c h e Verhältnisse sind, welche der Entwicklung der Luftschiffahrt zum betriebssicheren Verkehrsmittel hinderlich entgegenstehen. Die Unbeständigkeit der Witterung ist ja in unseren Breiten sprichwörtlich und wird den Luftverkehr selbst bei höchster technischer Vollendung der Fahrzeuge immer ungünstig beeinflussen.

Die Luftschiffahrt ist auf einem Boden geboren worden, der ihrer praktischen Verwendung wenig förderlich ist. In schweren Kämpfen groß geworden, müßte sie, in günstige Verhältnisse versetzt, Großes leisten.

Es ist eine Frage an den Meteorologen und Klimatologen, ob es auf der Erdoberfläche Gebiete gibt, in denen eine großzügige Entwicklung des Luftverkehrs möglich erscheint.

II. Meteorologie und Luftschiffahrt.

Die Beziehungen zwischen Meteorologie und Luftschiffahrt sind außerordentlich mannigfach. Die Physik der Atmosphäre, wie man die Meteorologie in bewußter Einschränkung häufig nennt, ist für den Luftschiffer das, was die Anatomie für den Mediziner ist. Die Atmosphäre ist das Medium, in dem das Luftschiff sicher navigieren soll; die physikalischen Eigenschaften dieses Mediums samt deren örtlichen und zeitlichen Veränderungen müssen dem Luftschiffer geläufig sein. Selbstverständlich sind gewiße Kapitel der Meteorologie von besonderer Wichtigkeit, so die Lehre von den Luftströmungen oder, allgemein gesprochen, die Gesetze der dynamischen Meteorologie. Anderseits hat auch die Luftschiffahrt der meteorologischen Wissenschaft große Dienste erwiesen und insbesondere in den letzten Jahren neue Anregungen verliehen.

Weniger innig waren bisher die Beziehungen zwischen Klimatologie und Luftschiffahrt. Die Klimatologie ist der geographische Teil der Meteorologie, der uns von dem durchschnittlichen Ablauf der Witterungserscheinungen oder von dem mittleren Zustand der Atmosphäre in den verschiedenen Gegenden der Erdoberfläche unterrichtet. Es ist leicht erklärlich, warum bisher die Luftschiffahrt die Mithilfe der Klimatologie nur in recht geringem Maße benötigte. Sie verbrachte ihre Entwicklungsjahre in der Heimat, deren Klima allgemein wohlbekannt ist. Heute aber, wo die Luftschiffahrt dem praktischen Leben nutzbar gemacht werden soll, kann sie der Erfahrungen des Klimatologen nicht mehr entraten. Immer sind es die dynamischen Zustände der unteren Atmosphärenschichten, welche den Luftschiffer in erster Linie interessieren. Da aber diese wieder hauptsächlich durch die Verteilung der Wärme bedingt werden, soll die bekannte Einteilung der Erdoberfläche in eine heiße, zwei gemäßigte und zwei polare Zonen beibehalten werden. Deren meteorologische Verhältnisse schildert in sehr treffender Weise K ö p p e n, wie folgt:

„Die heiße Zone, die etwa zwischen 30⁰ N und 30⁰ S liegt, ist durch folgende Züge charakterisiert: hohe und gleichmäßige Wärme, große Beständigkeit des Barometers, Thermometers, der Windrichtung und Windstärke, bestimmte Begrenzung der Regen nach dem Raume und meist auch nach der Jahreszeit, großenteils Vorherrschen östlicher Winde während des ganzen Jahres oder eines Teiles davon, Vorkommen furchtbarer Orkane, aber nur auf gewissen Meeresteilen und in gewissen Monaten und in großen Zwischenräumen."

„Die beiden gemäßigten Zonen zwischen 30⁰ Breite und den Polarkreisen sind charakterisiert durch eine im Winter rasch, im Sommer langsam polwärts abnehmende Temperatur, die zugleich im Winter auf den Festländern, im Sommer auf den Meeren ihren niedrigen Wert in gleicher Breite hat, ferner durch das Übergewicht westlicher Winde, große, nach den Polarkreisen zunehmende Veränderlichkeit des Barometers, Thermometers, der Windrichtung und Windstärke und von etwa 45⁰ Breite an auch Unbestimmtheit in der räumlichen und zeitlichen Verteilung der Niederschläge, endlich Häufigkeit der Stürme aller Stärkegrade, besonders im Winterhalbjahr.

Von den Polarzonen jenseits der beiden Polarkreise ist nur die nördliche einigermaßen bekannt. Die starke westliche Luftströmung der gemäßigten Breiten macht hier je nach der Gegend sehr verschiedenen Winden, im Sommer mit vielen Windstillen, Platz; auch auf der südlichen Halbkugel reichen die „braven Westwinde" offenbar nicht bis nach 70⁰ s. Br."

Streng genommen gelten diese Beschreibungen der einzelnen Zonen nur für die Meere; mit einigen Abänderungen sind sie aber auch für die Küstengegenden und in den hauptsächlichsten Punkten wohl auch für das Innere der Kontinente zutreffend. Nehmen wir uns das für unsere Zwecke Wichtigste heraus, so finden wir zunächst die bereits erwähnte Unbeständigkeit der Witterung unserer Breiten, insbesondere hinsichtlich Windrichtung und Windstärke, bestätigt. Anderseits aber vernehmen wir, daß die heiße Zone in direktem Gegensatz hiezu durch außerordentliche Regelmäßigkeit der Witterungserscheinungen sich auszeichnet. Selbst die Revolutionen der Atmosphäre erfolgen dort nach bestimmten Gesetzen. Die Polarkalotten kommen als Verkehrsgebiet für die Luftschiffahrt nicht in Betracht.

Wenden wir uns nun dem Studium der Windverhältnisse der heißen Zone zu. Der Tropenzone gehören die Passatgürtel und das Doldrum an. Von 30° nördlicher und 30° südlicher Breite gegen den Äquator hin wehen auf der nördlichen Halbkugel NO-Winde, auf der südlichen Halbkugel SO-Winde, die Passate in der Nähe des Äquators getrennt durch eine schmale Zone schwacher veränderlicher Winde und Stillen, den sog. Kalmengürtel oder das Doldrum.

Die Passate zeichnen sich durch ihre große Beständigkeit aus, mit der sie eine gewisse Richtung einhalten, und ferner dadurch, daß sie an bestimmten Teilen der Erdoberfläche fast stets anzutreffen sind. Die Strömung der Passate ist sehr gleichmäßig, Störungen sind im mittleren Teile der Passatregionen sehr selten. Wir wollen an dieser Stelle keine eingehende Schilderung der Passate entwerfen; was bisher gesagt wurde, wird genügen, den großen Unterschied der Windverhältnisse dieser Gebiete und unserer Gegenden klarzulegen. Dort ist Beständigkeit, in unseren Gegenden Unbeständigkeit das Charakteristikum der Luftströmungen.

Sind die Passate in gewissen Gegenden stetige, während des ganzen Jahres anzutreffende und ihrer äußeren Form nach nur wenig veränderte Winde, so finden wir in der heißen Zone auch periodische Zirkulationen geringerer Ausdehnung, welche mit einer in unseren Breiten ungewohnten Regelmäßigkeit und Intensität auftreten. Maury sagt:

„Die Bewohner der Seeküste in tropischen Klimaten erwarten jeden Morgen mit Ungeduld die Ankunft der Seebrise. Dieselbe setzt gewöhnlich ein gegen 10 Uhr vormittags. Mit ihrer Ankunft schwindet die drückende Schwüle des Morgens, und eine erquickende Frische der Luft scheint allen neues Leben und Lust zu ihren täglichen Arbeiten zu geben. Um Sonnenuntergang tritt abermals Windstille ein. Die Seebrise hat aufgehört, und in kurzem setzt nun die Landbrise ein. Dieser Wechsel von Land- und Seewind, ein Wind von der See bei Tag und vom Lande bei Nacht, ist so regelmäßig in den tropischen Gegenden, daß man ihm mit gleicher Zuversicht entgegensieht wie dem Auf- und Untergang der Sonne"

Wie außerordentlich fördernd könnten solche Strömungen einer Luftschiffverbindung zwischen der Küste und dem nächsten Hinterland in den Tropen werden! In solchen Gebieten, wo überdies keine Konkurrenz hervorragender Verkehrsmittel zu befürchten ist, dürfte die Motorluftschiffahrt ein vielversprechendes Betätigungsfeld finden.

Wir begnügen uns mit diesen wenigen Andeutungen, aus denen immerhin deutlich hervorgeht, daß die Erde weite Gebiete aufweist, innerhalb welcher die Luftschiffahrt ein vorzügliches Verkehrsmittel werden könnte. Zunächst allerdings wird es nötig sein, einmal einen gründlichen, wohlvorbereiteten Versuch nach dieser Richtung zu machen; eine gelungene Expedition würde voraussichtlich eine ganze Reihe mehr oder weniger bedeutungsvoller Projekte zur Folge haben.

III. Luftfahrten über dem Meere.

Unseres Wissens ist noch nie die Frage aufgeworfen worden, ob das Luftschiff mehr über Land oder über Wasser als Verkehrsmittel geeignet ist. Die Frage war wohl hauptsächlich deshalb müßig, weil man trotz der unleugbar erzielten Fortschritte an einen rationell zu betreibenden Luftschiffverkehr noch nicht dachte. Nachdem aber die Einführung des Luftschiffes als Verkehrsmittel in günstigen Gebietsteilen der Erdoberfläche immerhin möglich erscheint, ist wohl auch eine Stellungnahme zur aufgeworfenen Frage angebracht.

Zunächst muß die Frage wieder dem Meteorologen vorgelegt werden. Wir hatten bereits im vorigen Kapitel Gelegenheit, einen Gegensatz zwischen den klimatischen Verhältnissen von Land und See anzudeuten. Die dort gegebenen Schilderungen der heißen, gemäßigten und polaren Zonen bezogen sich, streng genommen, nur auf die über dem Meere lagernde Atmosphäre, über Land sind mehr oder minder belangreiche Störungen zu befürchten. Im allgemeinen ist die Windstärke über den weiten Meeresflächen erheblich größer als über ausgedehnten Landmassen, wo insbesondere in den untersten Schichten zahllose Hindernisse der Bewegung der Luftmassen entgegenstehen. Die nächste Schlußfolgerung, daß auch Stürme über dem Meere und an den Küsten häufiger auftreten als im Binnenlande, ist vollkommen berechtigt, aber für jene Gebiete, wo wir uns die Entwicklung eines Luftverkehrs denken, ohne Belang. Wie schon erwähnt, treten in der heißen Zone Stürme auf dem Meere nur mit genauer örtlicher und zeitlicher Abgrenzung, allerdings mit furchtbarer, alles zerstörender Intensität auf. Bei homogenen Luftströmungen, wie solche die Passate darstellen, wird die größere Windgeschwindigkeit der Fahrt des Luftschiffes nur günstig sein, solange die Voraussetzung gültig ist, daß die Drift mit der Bewegungsrichtung des Luftschiffes übereinstimmt.

Die Unebenheiten des festen Erdbodens, wenn sie auch keine sehr bedeutende Höhe erreichen, ferner die Verschiedenheit der Bodenfläche in ihrem physikalischen Verhalten übertragen sich mehr oder minder deutlich auf die darüber hinwegstreichende Luft und stören die Homogenität der Strömung bis in ziemlich beträchtliche Höhe.

2

Die Wirkungen von Gebirgen auf die Atmosphäre sind sehr verschiedener Art; wir begnügen uns, auf die Erscheinung des Föhns hinzuweisen, der als Fallwind auf der Leeseite heiteres, sonniges und trockenes, oft auch stürmisches Wetter bringt, während auf der Luvseite Trübung mit starken Niederschlägen herrscht. Der alte Glaube, daß über weiten Meeresflächen Gewitter überhaupt nicht auftreten, ist durch zahlreiche Beobachtungen längst widerlegt; immerhin bilden Gewitter über dem Ozean eine verhältnismäßig seltene Erscheinung, deren Häufigkeit mit jener über den Binnenländern in keinem Verhältnis steht. Gewitter entstehen fast immer im Gefolge kräftiger Konvektionsströme, die über Land sehr häufig, über dem Meere nur selten zu beobachten sind.

Die Temperaturen unterliegen über dem Lande viel größeren zeitlichen Schwankungen, als dies über den weiten Meeresflächen der Fall ist. Die Atmosphäre weist über den tropischen Meeresteilen eine Tagesamplitude von kaum 2^0 auf, während dieselbe in den asiatischen, afrikanischen und amerikanischen Wüsten und Steppen 14 bis 16^0 erreicht, ja wohl auch auf 20 steigen kann; in einzelnen Fällen nimmt die Temperatur von Sonnenaufgang bis zum Nachmittag um 30^0 zu.

Wenn man bedenkt, daß neben der Wirkung der Sonnenstrahlung die Temperatur des Füllgases die Schwankungen der Temperatur der umgebenden Atmosphäre mitmachen muß, erscheint die Navigation über dem Meere wesentlich leichter als über dem Lande. Von rein meteorologischem Standpunkte aus erscheinen also Luftfahrten über dem Meere günstigere Aussichten auf gutes Gelingen zu haben als solche über Kontinenten.

Jeder Aeronaut weiß, wie schwierig eine Fahrt im Luftschiff über stark kupiertes Gelände ist, die vertikale Navigation erfordert in diesem Falle die gespannteste Aufmerksamkeit des Piloten. Diese Schwierigkeiten fallen bei Fahrten über weite Wasserflächen zum größten Teil ganz hinweg oder sind doch nur minimal. Kein Schornstein, kein Gebirgskamm oder ein sonstiges hochragendes Hindernis stellt sich dem Luftschiffe in den Weg; wenn seine Betriebstüchtigkeit es erlaubt, in einer bestimmten Höhenlage zu bleiben, hat es keine Gefahr zu fürchten.

Nach all dem Gesagten müßte man also zu dem Schlusse gelangen, daß Luftfahrten über tropischen Meeren in den sturmfreien Zeiten oder in den sturmfreien Gebieten die größtmögliche Aussicht auf gutes Gelingen hätten. Sehr häufig begegnet man nun der Ansicht, daß die Wirkung der Sonnenstrahlung in den äquatorialen Breiten viel intensiver sei als in mittleren oder hohen Breiten. Diese Anschauung in der eben ausgesprochenen Verallgemeinerung ist jedenfalls nicht richtig. Die wichtigsten Bestandteile der Atmosphäre, welche die Sonnenstrahlung beeinträchtigen, sind Staubpartikelchen, Wasserdampf und Kohlensäure. Bei gleichem Gehalt der Luft an diesen Beimengungen ist die Sonnenstrahlung in unseren Gegenden ungefähr ebenso groß wie beispielsweise auf Teneriffa.

Die für die Luftschiffahrt günstigen klimatischen Verhältnisse reichen natürlich von der Küste mit allmählicher Abschwächung noch ziemlich weit landeinwärts, so daß also auch die tropischen Küstenregionen, wie bereits gesagt, als günstige Gebiete für Luftschiffverkehr in Betracht kommen.

Aber auch vom rein verkehrstechnischen Standpunkte erscheint die Luftschiffahrt über Wasser als Verkehrsmittel aussichtsreicher zu sein als über dem Lande. Abgesehen von Parforceleistungen unserer Torpedoboote und ähnlicher Schnellfahrer, kann die Stundenfahrt eines modernen Ozeanfahrers auf etwa 25 Seemeilen angesetzt werden. Nehmen wir ein Luftschiff mit einer Eigengeschwindigkeit von nur 15 s. m. an, so berechnet sich hieraus eine Stundenfahrt von 30 Seemeilen. Für einen Schnellpost- oder beschränkten Schnellpersonenverkehr hätte demnach das Luftschiff über See recht gute Chancen aufzuweisen, insbesondere dann, wenn es die Windströmung noch auszunutzen in der Lage ist. Über Land liegen die Verhältnisse wesentlich anders, vor allem dann, wenn erst die geplanten Schnellbahnen einmal Tatsache geworden sind.

Selbstverständlich müßte das Luftschiff für seine spezielle Aufgabe entsprechend ausgerüstet und umgebaut werden. Die nachfolgenden Kapitel werden zeigen, wie nach Ansicht der Verfasser dem Luftschiff amphibische Eigenschaften erteilt werden können, die es zu einem betriebssicheren Fahrzeuge machen.

IV. Die Transatlantische Flugexpedition.

Die vorstehenden Kapitel wollen keineswegs als eine erschöpfende Darstellung der behandelten Themata gelten. Ihr Zweck war, den Gedankengang des Lesers in eine Richtung zu lenken, welche ihn den Inhalt dieses Abschnitts unter dem richtigen Gesichtswinkel betrachten läßt.

Joseph B r u c k e r , ein bekannter deutsch-amerikanischer Journalist, veröffentlichte am 7. März 1909 in der »New Yorker Staatszeitung« einen Artikel »Im lenkbaren Luftschiff über den Atlantischen Ozean«. Der Artikel erregte allgemeines Aufsehen, um so mehr, als schon am folgenden Tage der »New York Herald« auf der ersten Seite einen spaltenlangen Artikel über das Bruckersche Projekt veröffentlichte. Es ist sehr begreiflich, daß die Kritik über die neue Idee sehr verschieden ausfiel. Wer die meteorologischen Grundlagen des Gedankens nicht zu verstehen vermochte und nur das brausende, wogende und stürmische Meer in seiner Vorstellung duldete, dessen Beurteilung mag wenig freundlich ausgefallen sein. Der Verständige aber, der in der Lage war, die meteorologischen Grundlagen der Bruckerschen Idee zu beurteilen und ev. zu erweitern, mußte wohl an den Ernst des Unternehmens glauben, wenn ihm auch die technische Ausführung des kühnen Gedankens noch recht fraglich erschien.

Brucker gründete die »Europe-America Aero-Navigation Society«, die ihm die Mittel verschaffen sollte, nach Europa zu gehen, damit er dort während der »Ila« in Frankfurt a. M. mit Meteorologen und Aeronauten von Fach konferieren und das Projekt gründlich ausarbeiten könnte. Die Geldmittel flossen allerdings nur spärlich zu; immerhin war es Brucker möglich, der Eröffnung der Ila beizuwohnen und während deren Dauer mit namhaften Meteorologen, Aeronauten und Erbauern von Luftfahrzeugen Beziehungen anzuknüpfen. Vor allem aber war sich Brucker bewußt, daß seine Idee nur dann verwirklicht werden könnte, wenn es ihm gelang, eine Persönlichkeit zu finden, die nicht nur regstes Interesse für alle aeronautischen Fragen, sondern auch die für ein so bedeutungsvolles Unternehmen unbedingt erforderliche finanzielle Kraft besaß.

Diese Persönlichkeit gewann er in Dr. Paul F. G a n s , der an dem Zustandekommen der »Ila« hervorragenden Anteil genommen hatte und durch langjährige Arbeiten und Versuche auf aeronautischem und technischem Gebiete über ausgedehnte Kenntnisse und Erfahrungen verfügte. Trotzdem kam es noch nicht zur Gründung einer Gesellschaft, welche sich die Ausführung der Bruckerschen Idee zum Ziel gesetzt hätte. Brucker siedelte nach Schluß der »Ila« nach München über und begann von dort gemeinschaftlich mit Dr. Gans eine rege Agitationstätigkeit. Gutachten anerkannter Kapazitäten, Aufschlüsse und Voranschläge der führenden Firmen aller einschlägigen Branchen wurden eingeholt, um eine Grundlage zu schaffen, die nach jeder Richtung klaren Ausblick gewähren konnte. Brucker war unablässig bestrebt, die Richtigkeit seiner meteorologischen Voraussetzungen für die Reiseroute durch die Urteile kompetenter Fachleute bestätigen zu lassen.

Dr. A. S c h m a u ß , der Direktor der Kgl. Bayer. Meteorologischen Zentralstation, schrieb: „Es freut mich sehr, Ihnen zu dem geplanten Unternehmen der Überquerung des Atlantischen Ozeans günstige Auspizien stellen zu können. Die meteorologischen Verhältnisse am Südrande des Azorenmaximus fordern geradezu zu diesem Experimente auf."

Dr. E. A l t , Kustos am obengenannten Institute, brachte dem Unternehmen höchstes Interesse entgegen und veröffentlichte auf Grund eingehender Studien eine Reihe von Aufsätzen in der Tagespresse sowohl, wie in wissenschaftlichen Zeitschriften. Dr. J. v. H a n n , der Altmeister der Meteorologie, richtete an Brucker einen Brief folgenden Inhalts:

„Ich habe jetzt den Artikel von Dr. E. Alt über Ihr Projekt einer Überfliegung des Atlantischen Ozeans mit großem Interesse gelesen. Was die meteorologische Seite des Projekts anbelangt, so muß ich Ihnen unbedingt zustimmen, daß der Ausgangspunkt von den Canaren und die winterliche Jahreszeit die günstigsten Auspizien für den Flug gewähren. Sie haben ja viel erfahrene Gewährsmänner schon dafür, ich möchte aber trotzdem mit meinem Urteil nicht zurückhalten.

Für die Meteorologie wird es von hohem Interesse sein, aus Ihrer Flugbahn die Trajektorien der Passatströmung über dem Atlantischen Ozean zu erfahren. Man kann Ihnen auch vom rein wissenschaftlichen Standpunkte aus nur ein herzliches Glückauf zurufen."

Admiralitätsrat Prof. Dr. W. K ö p p e n , der Meteorologe an der Seewarte in Hamburg, wohl einer der besten Kenner der Meteorologie des Atlantiks, veröffentlichte in der »Woche« einen ausführlichen Aufsatz über das Bruckersche Projekt. »Nicht von Amerika nach Europa, sondern von Europa nach Amerika« war der Titel dieser Abhandlung, die an die mißglückte Expedition Wellmans im Oktober 1910 anknüpfte und nach rein sachlichen Erörterungen zu einer sehr günstigen Beurteilung des Bruckerschen Projektes gelangte.

Die Vorbesprechungen, welche sich auf den Bau des Luftschiffes bezogen, wurden mit den einschlägigen Firmen gepflogen. In erster Linie war es die weltbekannte Ballonfabrik A. R i e d i n g e r in Augsburg, welche dem Projekte reges und uneigennützigstes Interesse entgegenbrachte. Der Chef der Firma, k. Kommerzienrat A. R i e d i n g e r , wie auch der technische Leiter, Oberingenieur S c h e r l e , stellten in entgegenkommendster Weise ihre reichen Erfahrungen im Bau von Motorluftschiffen in den Dienst des Unternehmens.

Die Pläne für das seetüchtige Motorboot, das beim Luftschiffe der Transatlantischen Flugexpedition die Stelle einer Gondel vertritt, wurden von Ingenieur V e r t e n s der Firma Fr. L ü r s s e n in Vegesack bei Bremen ausgeführt.

Wir müssen uns hier begnügen, nur die hervorragendsten Berater bei den technischen Vorarbeiten anzuführen, werden aber in den folgenden Abschnitten noch Gelegenheit finden, alle jene Persönlichkeiten und Firmen zu erwähnen, die uns durch selbstlose Mitarbeit zu Dank verpflichtet haben.

Durch die umfassenden Vorarbeiten der Herren Dr. Paul F. G a n s , Kommerzienrat A. R i e d i n g e r , Joseph B r u c k e r , Dr. E. A l t und Hauptmann a. D. W. J ö r d e n s waren die wissenschaftlichen und technischen Fragen des bedeutenden Unternehmens so weit geklärt, daß an die Gründung einer Gesellschaft herangetreten werden konnte, die den Zweck hatte, das Bruckersche Projekt zu verwirklichen.

Am 28. März 1910 gründeten vorstehend genannte Herren die Gesellschaft »T r a n s a t l a n t i s c h e F l u g e x p e d i t i o n «.

Als Zweck der Gesellschaft wurde bezeichnet: »Bau und Ausrüstung eines Luftschiffes und Ausführung eines Fluges mit demselben über den Atlantischen Ozean im Gebiete des Nord-Ost-Passats«. Als Sitz der Gesellschaft wurde München bestimmt.

Monate angestrengter Tätigkeit folgten der Gründung der Gesellschaft. Nicht nur der Bau des Luftschiffes und dessen gesamte maschinelle sowie wissenschaftlich instrumentelle Ausrüstung oblagen der Sorge des Komitees und dessen Berater, sondern der bei allen derartigen Unternehmungen schwierigste Teil der Arbeit, die Finanzierung, mußte vorerst erledigt werden. Neben hervorragender Beteiligung der beim Bau des Luftschiffs tätigen Firmen war es insbesondere der Präsident der Gesellschaft, Dr. Gans, der in großzügiger Weise seine Finanzkraft dem wachsenden Unternehmen zur Verfügung stellte und dadurch den stetigen Fortgang der Arbeiten sicherte.

Die enormen Geldmittel, welche Bau und Ausrüstung des Luftschiffes verlangten, ließen trotzdem die agitatorische Tätigkeit zur Beschaffung weiterer finanzieller Unterstützung nicht ruhen, und insbesondere war es die deutsche Großindustrie, welche um Beihilfe zu dem großen Unternehmen angegangen wurde.

Waren in Deutschland die Zeiten ungünstig, oder war der Glaube an den Ernst der Expedition noch nicht tief genug gewurzelt, unsere Werbungen fanden kein Gehör oder stießen auf Bedingungen, welche unannehmbar waren. Hin-

Der »Suchard« in der Kieler Halle.

gegen stand der Chef der weltbekannten Schokolade- und Kakaofabrik S u - c h a r d in Neuchâtel, Kommerzienrat R u ß , von Anfang an mit warmem Interesse unserer Sache gegenüber, und da die von diesem Hause gestellten Bedingungen günstig waren, so kam es zu einer Einigung.

Die Firma »Suchard« unterstützte die Transatlantische Flugexpedition durch Überweisung eines sehr erheblichen Geldbetrages, wogegen das Komitee beschloß, dem Expeditionsluftschiff den Namen »Suchard« zu erteilen. Es ist mit Genugtuung zu konstatieren, daß sich unsere Erwartungen, der Firma »Suchard« eine überaus zugkräftige Reklame als Dank für die weitreichende Förderung zu schaffen, in jeder Beziehung erfüllt haben.

Wahrscheinlich findet unser Vorgehen bald mehr und mehr Nachahmung, zum gleichzeitigen Vorteil großer Unternehmungen und opferfreudiger Mäzene. Man kann hier sicherlich nur von einer Veredelung der oft so geschmacklosen Reklame sprechen.

Gegen Ende des Jahres 1910 war der Bau des Ballons und des Bootes so weit vorgeschritten, daß an eine Montage des Luftschiffes und unter günstigen Umständen an einen Probeflug gedacht werden konnte. Bei der gewaltigen Größe des Fahrzeuges kamen von Anfang an nur wenige Luftschiffhallen für die Montierungsarbeiten in engere Wahl. Daß die endgültige Entscheidung auf Kiel fiel, war in erster Linie dem liberalen Entgegenkommen des »Vereins zur Förderung der Motorluftschiffahrt in der Nordmark« und dessen Vor-

Der Taufakt.

standschaft zu danken. Admiral Graf Moltke, der I. Präsident des genannten Vereins, Admiral Lans, dessen Stellvertreter, und besonders Marine-Ober-ingenieur a. D. Claaßen, geschäftsführender Direktor, brachten unserem Unternehmen regstes Interesse und weitestgehende Förderung entgegen. An keinem anderen Orte wäre uns die Durchführung wichtiger Versuche und notwendiger Arbeiten mit gleicher Promptheit und Zuverlässigkeit möglich gewesen als im deutschen Kriegshafen, wo uns die Kaiserliche Marine in ebenso entgegen-kommender Weise unterstützte wie private Firmen. Von letzteren nennen wir nur die »Friedrich - Krupp - Germania-Werft«, welche uns unschätzbare Dienste erwiesen hat.

Ganz besonders aber verpflichteten uns zu tiefempfundenem Danke Seine Königl. Hoheit P r i n z H e i n r i c h v o n P r e u ß e n und dessen erlauchte

Gemahlin, die durch ihr huldvolles Interesse unserem Unternehmen wirksame Förderung angedeihen ließen.

Durch die Teilnahme Ihrer Königlichen Hoheiten gestaltete sich die Taufe des Luftschiffes zu einem besonders feierlichen Akte. Dieselbe fand am Mittwoch, den 15. Februar, mittags 12 Uhr, in der mit Tannengrün und bunten Wimpeln geschmückten Ballonhalle unter zahlreicher Beteiligung der Vertreter der Militär- und Zivilbehörden statt.

Nach der eindrucksvollen Rede des Bürgermeisters L i n d e m a n n taufte Ihre K. Hoheit Prinzessin Heinrich das Schiff mit den Worten: »Ich taufe dich auf den Namen »Suchard« und wünsche dir glückliche Fahrt!« und zerschellte dabei eine Flasche Hoehls »Kaiserblume« am Bug des Bootes.

Dr. Gans richtete sodann herzliche Dankesworte an Ihre Königlichen Hoheiten und brachte das Kaiserhoch aus. Die deutsche und die amerikanische Nationalhymne beendigten die eindrucksvolle Feier.

Der Tragkörper des Luftschiffes war am Tage der Taufe noch nicht vollständig mit Gas gefüllt und auch das Boot nur provisorisch montiert.

Nun galt es, das Luftschiff so weit fertigzustellen, daß ein Probeflug gemacht und der für April angesetzte Start von den Kap Verden ausgeführt werden konnte.

Wie es wohl allen neuen Unternehmungen auf dem Gebiete der Luftschifffahrt bisher ergangen ist, wenn es heißt, das auf Papier und Reißbrett Entworfene praktisch auszuführen, so ging es auch uns: wir erlebten eine arge Enttäuschung; die ganze maschinelle Anlage entsprach den Erwartungen nicht.

Es zeigte sich bei den Proben, daß, so wie sie war, mit ihr ein Flug von längerer Dauer nicht ausgeführt werden konnte.

Es ist hier nicht der Ort, zu untersuchen, ob nicht manches von vornherein hätte besser gemacht werden können. Das völlige Versagen eines der beiden 100 PS-Motoren konnte jedenfalls nicht vorausgesehen werden.

Da für die Lieferung eines anderen 100 PS-Motors eine Frist von 4 bis 6 Monaten beansprucht wurde, war schon aus diesem Grunde an eine Ausreise im April nicht mehr zu denken.

Dazu kam, wie gesagt, der sich als notwendig herausstellende Umbau der maschinellen Anlage, vor allem die Änderung des Antriebs der Luftpropeller, Versetzung der Kühlanlage, des Ventilators, der Dynamo u. a. m. Für die Leitung dieses ganzen Um- bzw. Neubaues wurde der bisher im Dienste der Luftfahrzeuggesellschaft m. b. H. in Bitterfeld stehende Diplom-Ingenieur Albert S i m o n gewonnen.

Selbst wenn es möglich gewesen wäre, die maschinellen Einrichtungen bis zum August fertigzustellen, hätte doch der Flug bis nach der westindischen Hurricane-Saison verschoben werden müssen.

V. Zur Meteorologie der Flugstrecke.

Wir haben bereits in einem früheren Kapitel von den innigen Beziehungen zwischen Meteorologie und Luftschiffahrt gesprochen und in diesem Zusammenhang allgemeine Beschreibungen der meteorologischen Verhältnisse der gemäßigten und der heißen Zone gegeben. Der vorliegende Abschnitt soll etwas eingehender die Meteorologie der Flugstrecke behandeln, unter besonderer Berücksichtigung der Windverhältnisse.

Die Überquerung des Atlantischen Ozeans mit Hilfe des Luftschiffes soll in jenen Breiten erfolgen, in welchen der Nord-Ost-Passat mit größter Regelmäßigkeit weht. Um die bei der Wahl des Startortes und des beabsichtigten Landungsplatzes auftretenden Fragen genügend beantworten zu können, ist es gewiß vorteilhaft, zunächst einen allgemeinen Überblick über die an der Erdoberfläche vorherrschenden Windrichtungen zu gewinnen. Wir folgen bei der Behandlung dieser Fragen der allgemein anerkannten Darstellung v. Hanns.

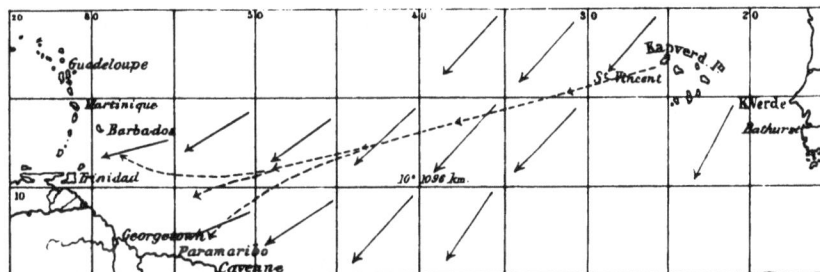

Projektierte Flugbahn des »Suchard«.

In der Tropenzone wehen in runder Zahl von 30° nördlicher und 30° südlicher Breite an gegen den Äquator hin auf der nördlichen Halbkugel NE.-Winde, auf der südlichen Halbkugel SE.-Winde, die Passate, in der Nähe des Äquators getrennt durch eine schmale Zone schwacher, veränderlicher Winde und Windstillen, den sog. Kalmengürtel (Doldrum).

An den polaren Grenzen der Passate findet man dann zunächst schwache Winde und Windstillen, zwei außertropische Windstillengebiete, die Gürtel der sog. Roßbreiten; jenseits derselben herrschen auf der nördlichen Hemisphäre SW.- und WSW.-Winde, auf der südlichen NW.- und WNW.-Winde, aber durchaus nicht von gleicher Beständigkeit der Richtung wie die Passate, sondern vielfach veränderlich nach Richtung und Stärke.

Diese Windsysteme oder Windgürtel treten über den Ozeanen am bestimmtesten auf, unterliegen dagegen an den Küsten und über den Kontinenten manchen Störungen.

3

Die Passate sind gekennzeichnet durch die Beständigkeit, mit der sie eine gewisse Richtung einhalten und an bestimmten Teilen der Erdoberfläche fast stets anzutreffen sind. Die Strömung der Passate ist eine regelmäßige und gleichmäßige; Stürme, Drehungen des Windes, Windstillen sind im mittleren Teile der Passatregionen sehr selten. Die mittlere Windstärke in dem zentralen Teile der Passatregion ist 6 bis 8 m pro Sekunde. Überall weht der Passat strenger im Winter als im Sommer.

Die Passate sind aber nicht nur nach ihrer Stärke sondern auch nach ihrem örtlichen Auftreten einer jahreszeitlichen Variation unterworfen. Die Sonne zieht die Passatgürtel und den Kalmengürtel bei ihrer jährlichen Wanderung von Wendekreis zu Wendekreis hinter sich her, doch ist die Schwankungsbreite der Windgürtel eine sehr geringe, wie folgende mittlere Grenzen zeigen:

	März	September
N. E. Passat	26—3⁰ N	35—11⁰ N
Kalmenzone	3⁰ N Äqu.	11—3⁰ N
S. E. Passat	Äqu. — 25⁰ S	3⁰ N—25⁰ S.

Mittlere Polar- und Äquatorialgrenzen der Passate in den extremen Monaten über dem Atlantischen Ozean:

Die mittlere Breite des Gürtels des NE.-Passats ist ca. 23½⁰, die des Kalmengürtels etwa 5½⁰. Die mittlere Breite des Passatgebietes fällt nahe zusammen mit dem Gebiete der stärksten Brise. In der Mitte des Atlantik liegt das Gebiet des frischesten Passats im Januar unter 15⁰, im April unter 15⁰, im Juli unter 20⁰ und im Oktober unter 18⁰ nördlicher Breite.

Die Frage, welche Jahreszeit für die Überfahrt am günstigsten ist, muß von verschiedenen Gesichtspunkten beantwortet werden. Der Ort des Aufstiegs ist hier ebenso wichtig für die Entscheidung wie jener der wahrscheinlichen Landung. Selbstverständlich ist aber für die Wahl der Auffahrtszeit der Gesichtspunkt am meisten ausschlaggebend, die Sicherheit des Unternehmens möglichst zu erhöhen, verderbliche Wirbelwinde und Gewitterstürme zu meiden.

In der eigentlichen Äquatorialregion zwischen 8 bis 10⁰ Nord und Süd vom Äquator kommen Wirbelstürme kaum vor.

Außerhalb dieser Breiten sind es die tropischen Meeresteile, in welchen, wenn auch oft in jahrelangen Abständen, Zyklonen auftreten. In der folgenden Tabelle ist die Monatsfrequenz der westindischen Zyklonen, in Prozenten der Gesamtzahl ausgedrückt, und zwar für den Zeitraum 1878 bis 1900 gegeben:

Jan.	Febr.	März	Apr.	Mai	Juni	Juli	Aug.	Sept.	Okt.	Nov.	Dez.	Gesamtzahl
0	0	0	0	1	3	3	26	26	34	4	3	95

Diese Zahlen drängen unabweisbar zu dem Entschlusse, die Ausführung des Fluges auf die Wintermonate zu verlegen, zumal in dieser Zeit, wie wir oben aussprachen, die Stärke der Passatströmung einer raschen Fahrt günstiger ist als während des Sommers.

Nach dem bisher Gesagten ist es auch nicht schwer, die günstigste Flugstrecke, also auch Auffahrtsort und beabsichtigten Landungsort, zu bezeichnen. Die kräftigste Passatströmung, zugleich frei von allen Störungen, findet sich im Winter in ungefähr 15° Breite. Im östlichen Teile des Nordatlantik bläst der Passat in dieser Breite während der Wintermonate sehr häufig aus nahezu östlicher Richtung, über der westlichen Hälfte ist Nordost, die weitaus dominierende Richtung. Bei der Wahl des Abflugsortes ist darauf Bedacht zu nehmen, möglichst bald in die Zone der stärksten Brise zu gelangen, ohne daß aber ein Abtreiben nach dem Kalmengürtel zu befürchten wäre.

Würde man eine der Canarischen Inseln, die ungefähr zwischen 27° und 30° nördl. Breite liegen, zum Startort wählen, so würde die Flugstrecke bis zur Insel Barbados ungefähr 2700 Seemeilen oder nahezu 5000 km betragen. Zudem liegen die Canarischen Inseln während der Wintermonate hart am Rande der Nordgrenze des Passats, so daß mit tagelangen Störungen und widrigen Winden zu rechnen ist.

Ungleich günstiger liegen die Kapverdischen Inseln. Zwischen 15 und 18° nördl. Breite befinden sie sich in nächster Nähe des Gebiets der stärksten Brise, von Barbados nur 2100 Seemeilen oder 3900 km, vom nächsten Punkte Südamerikas gar nur 1500 Seemeilen oder 2800 km entfernt. Allerdings könnte der letzte Punkt, K. S. Roque, nur als Ziel einer Wasserfahrt nach Preisgabe des Ballons in Betracht kommen.

Über die Kapverdischen Inseln sagt F. Hahn in der Allgemeinen Länderkunde:

„*Die Inseln des Grünen Vorgebirges sind 570 km vom nächsten Punkte des Festlandes entfernt und umfassen 3851 qkm. Es ist ein vorwiegend vulkanischer Archipel mit einer großen Anzahl von Kratern. Die Höhen der Kap Verden werden noch sehr verschieden angegeben; jedenfalls sind Fogo (2980 bis 3600 m?), Sao Thiago (2260 m) und Sao Antao (2220 m) die höchsten Inseln, die östlichen wesentlich niedriger. Der Boden ist im ganzen wenig fruchtbar und sehr trocken.*

Die klimatologischen Verhältnisse beschreibt v. Hahn ungefähr folgendermaßen:

„*Die Kap Verden liegen in der Meeresgegend, wo der von Norden kommende kühle Canarienstrom in die nördliche Äquatorialströmung einmündet. Die Meerestemperatur beträgt im Februar 22 bis 23° C, im August 26° Sie bleiben das ganze Jahr hindurch auf der Südseite des nordatlantischen Barometermaximums und auf der Nordseite des Kalmengürtels. Der NE.-Passat herrscht konstant das ganze Jahr hindurch, er ist im Winter östlicher, im Sommer nördlicher. Hieraus erklärt sich die Regenarmut und Dürre dieser Inseln.*“

Nachstehend folgen einige Angaben über die Jahresperiode der wichtigsten meteorologischen Elemente auf den beiden Inseln St. Vincent und Praia.“

	Temperatur		Niederschlag	
	St. Vincent	Praia	St. Vincent	Praia
	⁰ C	⁰ C	mm	mm
Januar	21,7	22,1	4	3
Februar	21,3	22,1	2	2
März	21,6	22,5	1	0
April	21,8	23,0	1	1
Mai	22,6	23,7	0	0
Juni	23,5	24,6	0	0
Juli	24,6	25,4	8	12
August	26,1	26,3	51	99
September	26,4	26,7	59	99
Oktober	26,0	26,4	37	37
November	24,7	25,3	14	12
Dezember	23,0	23,5	14	12
Jahr	23,6	24,3	191	277

Man erkennt wohl, daß die Kapverdischen Inseln vvom meteorologischen Standpunkt aus vorzüglich zum Aufstiegsort geeignet wären, doch sind auch andere Umstände für die Wahl des Startortes wesenttlich mitbestimmend. Die Reise, welche der Präsident der Transatlantischen FFlugexpedition im Mai laufenden Jahres nach den Canaren und Kap Verden unnternommen hat, soll die noch schwebenden Fragen beantworten und zu einemn definitiven Beschluß führen.

Über dem Ozean selbst verlaufen die meteorologisischen Erscheinungen sehr regelmäßig, wenigstens im Winter, wo Wirbelstürmee, Gewitter und Böen vollständig fehlen. Die Temperaturen liegen während ddes ganzen Jahres in der Nähe von 25⁰, die tägliche Variation ist außerordentlicch gering, etwa 1 1_2 bis 2⁰. Wir werden sehen, daß diese Tatsache von großem Vorteil für das Unternehmen ist.

Niederschläge fallen nur sehr selten und dann nur inn geringer Menge und kurzdauernd. Die Bewölkung ist gering, so daß die Beobachtung der Gestirne nur in Ausnahmefällen und auch dann nur für kurze Zeit unmöglich ist.

Das Klima von Barbados, das im großen und gannzen die klimatischen Verhältnisse der östlichen westindischen Inseln gut kennnzeichnet, ergibt sich aus folgenden Daten:

Temperatur	Jan.	Febr.	März	Apr.	Mai	Juni	Juli	Aug.	Sept.	Okt	Nov.	Dez.	Jahr
	25,3	25,0	25,2	26,1	26,9	26,9	26,8	27,1	27,3	26,8	26,4	25,8	26,3
Niederschlag	83	66	37	51	90	138	145	184	158	221	180	114	1467

Im allgemeinen ist das Klima ein wirkliches Inselklimaa mit geringer Jahresschwankung der Wärme. Februar, März und April sind diee trockensten Monate; die jährlichen Regenmengen sind ziemlich erheblich, wiee dies nach der Lage der Inseln in einem so warmen Meere und infolge des ggebirgigen Charakters der meisten Inseln zu erwarten ist.

Die Inseln bleiben stets unter der Herrschaft des NE.-Passats. In Westindien, namentlich auf den östlichen Inseln wie Barbados, ist die mittlere Windrichtung fast genau Ost und dabei stetig. Das sind die echten ozeanischen Passatwinde.

Aus den bisherigen Darlegungen geht hervor, daß von einer der Kapverdischen Inseln ausgehend und etwa bei Barbados einlaufend die ganze Flugstrecke im Gebiet der stärksten und regelmäßigsten Brise des Nordostpassats liegt.

Die Veränderungen des Passats mit der Höhe entnehmen wir einer kürzlich in den Beiträgen zur Physik der freien Atmosphäre von Albert P e p p l e r veröffentlichten Studie über »Die Windverhältnisse im nordatlantischen Passatgebiete, dargestellt auf Grund aerologischer Beobachtungen«.

Der Verfasser verarbeitet das Material der seit 1904 tätigen aerologischen Expeditionen, das allerdings für das uns in erster Linie interessierende Winterhalbjahr ziemlich dürftig ist. Für das Gebiet zwischen 5⁰ und 30⁰ nördlicher Breite berechnet er folgende Tabelle:

Kilometer:

	0	0,3	1	22	3	4	5	6	7	8	9	10	11	12	13	14
N	3,5	1,5	3,0	2,2,0	2,5	2,0	2,0	—	—	—	—	—	—	—	—	—
NE	17,0	17,0	14,0	5,5,0	2,0	2,0	1,0	1,0	1,0	—	—	—	—	—	—	—
E	4,5	5,5	5,5	3,3,5	—	—	—	—	—	—	—	—	—	—	—	—
SE	0,5	—	1,0	1,1,5	0,5	0,5	0,5	—	—	—	—	—	—	—	—	—
S	0,5	—	1.5	2,2,5	0,5	0,5	0,5	0,5	—	—	—	—	—	—	—	—
SW	—	—	0,5	2,2,0	4,0	3,0	2,5	2,0	0,5	—	0,5	—	—	—	—	—
W	—	—	—	0,)5	2,5	4,0	3,0	2,0	1,5	2,5	1,5	1,5	0,5	—	0,5	—
NW	—	—	—	1,1,0	2,0	—	0,5	1,5	—	0,5	1,0	0,5	0,5	2,0	1,5	1,0
	26	24	26	1!8	—	—	—	—	—	—	—	—	—	—	—	—

Uns interessieren in erster Linie die Windverhältnisse der untersten Luftschichten bis höchstens 2000 m Höhe. Am Meeresniveau wurden 26 Windbeobachtungen gemacht, in 500 m Höhe 24, in 1 km 26 und in 2 km 18 Beobachtungen.

„Der regelmäßige, mit großem Übergewicht an der Meeresoberfläche wehende Nordostpassat wird in geringer Höhe bereits sehr unbeständig, um schließlich von vorherrschenden Westwinden ganz verdrängt zu werden. Wohl kann der eigentliche Nordostpassat noch in 2,5 km als der am häufigsten wehende Wind angesehen werden, doch wird er bereits zwischen 1,5 und 2 km von unpassatischen Luftströmungen überholt. Je strenger und je stetiger der untere Passat weht, um so rascher scheint er mit zunehmender Höhe von westlichen Winden verdrängt zu werden.“

Auf alle Fälle sind die Windverhältnisse in den Regionen, welche das Luftschiff »Suchard« unter normalen Umständen befahren soll, überaus günstig. Dabei ist nicht vergessen, daß geringe Abweichungen von den normalen Verhältnissen eintreten können und daß Maßregeln getroffen werden müssen, auch unerwarteten Zwischenfällen mit Erfolg zu begegnen.

VI. Das Luftschiff „Suchard" und seine Einrichtungen.

a) Der Tragkörper und seine Takelage.

Die Gashülle mit der dazugehörigen Takelage wurde in der weltberühmten Ballonfabrik von A. R i e d i n g e r in Augsburg hergestellt; der Ballonstoff stammt aus der bestrenommierten Gummifabrik von M e t z e l e r & C o. in München.

Die Grundform des Tragkörpers ist elliptisch, die Längsachse mißt über 60 m, der größte Durchmesser 17,2 m. Unter Berücksichtigung der nach den ersten Probefahrten eintretenden Volumvergrößerung ist mit einem Fassungsvermögen von über 10 000 cbm zu rechnen. Der Ballonetinhalt, der bei der langen Fahrtdauer und den damit verbundenen Gasverlusten besonders groß anzunehmen war, beträgt 3500 cbm.

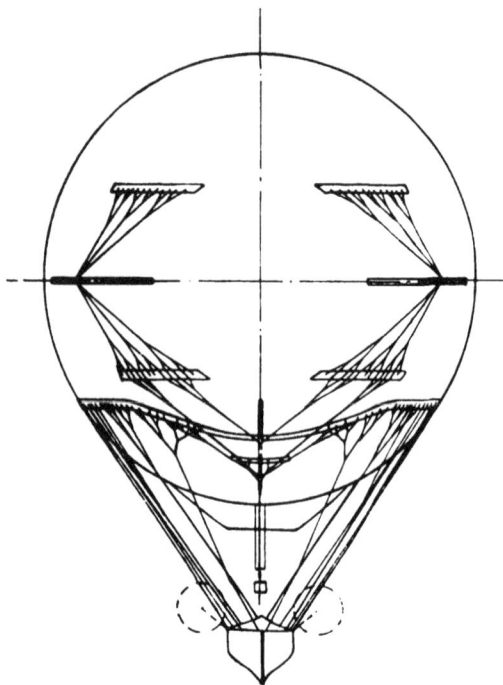

Der Ballonkörper schließt sich durch seine gedrungene Form mehr dem Charakter eines Freiballons an. Der große Durchmesser bedingte zur Erreichung einer mehrfachen Sicherheit die Wahl eines Ballonstoffes von 2000 kg Reißfestigkeit. Außerdem wurde statt der für Freiballons bisher üblichen Gummirung von 100 g pro Quadratmeter eine Gummierung von 170 g gewählt. Nach den erprobten Erfahrungen mit den Hüllen anderer Motorballons übersteigt bei dieser Gummierung der Gasverlust bei Lagerung der gefüllten Hülle in der Halle $1\frac{1}{2}$ % pro 24 Stunden nicht und sind Motorballons aus diesen Hüllen nachweislich unter entsprechenden Nachfüllungen über 8 bis 10 Wochen dienstfähig geblieben.

Querschnitt des Luftschiffes.

Diese aus dreifachem Perkalstoff konstruierte Hülle repräsentiert also das Beste, was die heutige Ballonindustrie zu schaffen in der Lage ist; ihr Gewicht beträgt pro Quadratmeter ca. 450 g und sie gewährleistet eine fünffache Sicherheit gegen inneren Überdruck.

Zur Aufnahme des Bootes dient die Takelung; sie besteht vom Boot beiderseits auslaufend aus 14 Stahldrahtseilen zu je 4500 kg Bruchfestig-

keit unter Verwendung von Stahldrähten mit ca. 200 bis 220 kg Bruchfestig-
keit pro Quadratmillimeter Querschnitt.

Diese Drahtseile gabeln sich in vier Systemen auslaufend bis zum Trag-
gurt, der unterhalb des Äquators auf die Hülle festgenäht, in Abständen von
0,5 m je drei Schlaufen trägt zur Aufnahme der aus bestem italienischen
Hanf gefertigten Leinen, die mit achtfacher Sicherheit berechnet sind.

Zwischen dem Boot und dem Ballonkörper ist ein Laufsteg von 25 m
Länge eingebaut, der, an einem eigenen Gurt hängend, befähigt ist, ca. 2000 kg
zu tragen und um diesen Betrag den Hauptgurt zu entlasten.

Ein am hinteren Ende der Hülle befestigtes Steuer wird aus zwei in der
Vertikalen geteilten Flächen gebildet, wovon die hintere um ihre vertikale
Achse drehbar ist. Stabilisierungsflächen am Hinterteil des Ballonkörpers

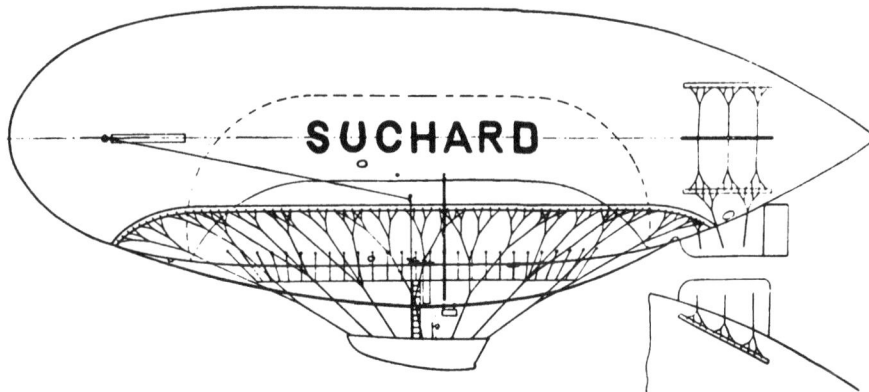

Längsschnitt des Luftschiffes.

dienen zur Verhütung vertikaler Schwankungen. Je eine Reißbahn am
Vorder- und Hinterteil befähigt den Führer gegebenenfalls, in kürzester Zeit
den Ballon zu entleeren.

Zur Kompensierung des Einflusses der Temperaturschwankungen, wie
des Gasverlustes durch unbeabsichtigtes Höhergehen des Ballons dient ein
mittschiffs eingebautes Ballonet von 3500 cbm, aus doubliertem Stoff mit
1000 kg Reißfestigkeit, das mittels eines motorisch betriebenen Ventilators
mit atmosphärischer Luft gespeist wird, und zur Bewahrung der Ballon-
form stets unter Druck stehen muß. Dadurch werden Einbeulungen der
Hülle durch den anströmenden Wind vermieden, und der Ballonkörper
selbst durch diesen inneren Überdruck so versteift, daß die Hülle ohne jed-
wede Zuhilfenahme eines festen Gerippes zum Tragen der Last verwendet
werden kann.

Der Ventilator leistet mit Motorbetrieb pro Minute 260 cbm; er ist selbstverständlich auch für Handbetrieb eingerichtet.

Die Ausrüstung der Hülle besteht aus einem Manövrierventil von 850 mm Durchmesser im vorderen Oberteil, ferner einem Sicherheitsventil von 750 mm Durchmesser in der Mitte unten und einem solchen von gleicher Größe für das Ballonet. Das Gassicherheitsventil öffnet sich bei 18 mm Überdruck, und das Sicherheitsventil für die Luft bei 13 mm Überdruck.

Zur Höhensteuerung dient ein Laufgewicht, das aus einem mit Bleischrot gefüllten Sack besteht, der je nach Bedürfnis von Hand durch eine unter dem Ballonkörper befindliche Leine eingestellt wird.

Zur Kontrolle des Gasraumes wie des Ballonets führen Schlauchleitungen zum Führerstand; zwei Schaufenster in der Hülle eingesetzt gestatten vom Laufsteg aus die Besichtigung der inneren Hülle wie des Ballonets, auch können vom Steg aus die Ventile betätigt, resp. kontrolliert werden.

Die Füllung des Ballons geschieht mit komprimiertem Wasserstoffgas, das in ca. 2000 Stahlflaschen an den Startort geschafft werden muß. Da eine so große Anzahl von Flaschen leihweise auf längere Zeit nicht zu erhalten war, so sahen wir uns genötigt, eigene Flaschen herstellen zu lassen.

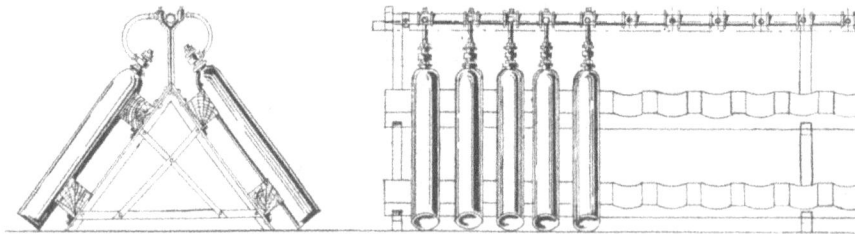

Füllanlage.

Die Füllanlage wird von der Münchener Firma P f i s t e r & S c h m i d t (Inh.: Mattes & Jörger) gebaut.

Im Gegensatze zu den stationären Füllanlagen früherer Ausführungen mit horizontal liegenden Flaschen und zwei Etagen mit dazwischen befindlicher Sammelleitung, wurde für die Transatlantische Flugexpedition eine transportable Anlage konstruiert, die neben geringem Gewichte und leichter Demontierbarkeit den Hauptvorteil rascher Bedienung besitzt, da hier ein Mann das Einlegen und Anschließen der Flaschen besorgen kann, während bei den früheren Anlagen hierzu zwei Mann erforderlich waren. Die Flaschen werden zu beiden Seiten eines bockartigen Gestelles mit zwei horizontalen Auflagehölzern in entsprechende Vertiefungen gelegt und mit den Schlauchanschlüssen des Sammelstranges verbunden, welcher ungefähr 1,5 m über Fußboden verläuft. Einfache Konushähne an den Schlauchzuleitungen gestatten es, jederzeit und an jeder beliebigen Stelle eine entleerte Flasche abzunehmen, ohne daß Gas aus dem Hauptsammelstrang verloren wird. Es wird durch diese Anordnung ermöglicht, mit einer bedeutend geringeren Anzahl von Bedienungsmannschaften denselben Effekt zu erzielen, wie bei der früheren Anordnung mit liegenden, etagenförmig übereinander angeordneten Flaschen.

Bezüglich des Transports des Luftschiffs sowie des Flaschenparks und der Füllanlage nach den Inseln ist uns der Norddeutsche Lloyd in Bremen in liberalster Weise entgegengekommen.

b) Das Boot.

Das seetüchtige Motorboot, das statt der üblichen Gondel am Ballon hängt, wurde auf der bekannten Werft von Fr. Lürssen in Vegesack bei Bremen erbaut, und zwar nach den Plänen des Schiffingenieurs Vertens.

Lürssen hat sich mit seinen vorzüglichen Motorbooten schon verschiedene erste Preise geholt, so im letzten Jahre den Lanzpreis und dieses Jahr wieder bei der internationalen Konkurrenz in Monte Carlo »den Preis des Meeres«.

Die 14 Aufhängeseile sind am Boote derartig befestigt, daß nach Kappen der vorderen und hinteren drei die übrigen acht mit einem Hebelzug vom Bootskörper losgelöst werden können, so daß ein Schleppen des Bootes vermieden wird, was bei unruhiger See verderblich werden könnte.

Außerdem sind in das Fahrzeug ringsherum Luftkästen eingebaut, die auf jeden Fall die Schwimmfähigkeit des Bootes erhalten, selbst wenn bei ungünstiger Landung das Boot beschädigt werden oder Wasser durch die nicht vermeidbaren Öffnungen der Aufbauten eindringen sollte. Auch der am oberen äußeren Rand herumlaufende Kapokgürtel erhöht die Schwimmfähigkeit des Bootes. Über die äußerst wichtige Schlippvorrichtung wird an anderer Stelle ausführlich berichtet.

Das Boot hat die folgenden Maße:

Größte Länge	10 m
Länge in der C. W. L.	8,65 m
Größte Breite	3,10 »
Breite in der C. W. L.	3,04 »
Seitenhöhe	1,72 »

Das Fahrzeug ist in Diagonal-Krawehlbau mit durchgehenden Längsspanten und stählernen Querspanten gebaut, welche Bauart bei größter Leichtigkeit größte Festigkeit und Elastizität vereint.

Kiel und Steven sowie beide Lagen der doppelten Plankenhaut bestehen aus Mahagoni. Die innere dieser beiden Plankenlagen steht mit den einzelnen Planken unter einem Winkel von ca. 45° zum Kiel, während die äußere Lage längsschiff läuft.

Zwischen beiden befindet sich eine Zwischenlage aus Segeltuch; unter sich sind die Planken durch kupferne Nieten verbunden. Auf der Innenseite der Außenhaut sind in ca. 0,2 m Entfernung die vorn bis hinten durchlaufenden

Längsspanten aus Whitepine angeordnet. Diese sind der Gewichtsersparnis
wegen an den Enden verjüngt und haben außerdem noch Auskehlungen erhalten. Mit diesen Längsspanten sind die aus verzinnten Stahlwinkeln bestehenden Querspanten verbunden, die unter sich durch Bodenwrangenbleche
und Winkel ausgesteift sind.

Das Deck wurde, wie die Außenhaut, aus einer doppelten Lage Mahagoniholz ausgeführt. Decksbalken sowie die übrigen Ausbauten bestehen ebenfalls
aus leichtem Mahagoniholz.

Für Stützrohre und Geländerstützen wurden autogen geschweißte, an den
Schweißstellen besonders verstärkte Eisenrohre sowie Aluminiumrohre und

Transport des Bootes zur Luftschiffhalle in Kiel.

für sonstige Beschläge Aluminiumguß verwendet. Im hinteren Teil des Bootes
ist der Navigationsraum und liegen außerdem die Stauräume für Proviant,
Effekten usw.

Das Kockpit ist selbstlenzend und mit verzinntem Kupferblech ausge-
schlagen, so daß es auch als Wasserbehälter dienen kann, von wo aus das Wasser
durch einen Schlauch mittels Druckpumpen bis zum Scheitel des Ballons
emporgetrieben werden kann. Dieser Schlauch teilt sich oben in zwei Arme
von je 25 m Länge, welche mit zahlreichen Streudüsen versehen sind, durch
welche der Ballon besprengt werden soll, um das Anheizen des Gases durch die
Sonnenstrahlung so viel wie möglich zu verhindern.

Den größten Teil des Bootes nimmt naturgemäß der Maschinenraum ein,
über dessen Einrichtung und Ausnützung im nächsten Unterabschnitt berichtet wird.

Größte Sorgfalt wurde der feuer- und explosionssicheren Unterbringung des Brennstoffes gewidmet. Ein Teil davon, nämlich etwa 1000 kg, wird in Kanistern von je 25 l am Laufsteg untergebracht und der Haupttraggurt um so viel entlastet; diese Kanister können leicht weggeworfen werden, wenn dies nötig sein sollte.

Da aber im ganzen ca. 3000 l Brennstoff für die Motoren mitgenommen werden, mußte für dessen Verstauung im Boot mit ganz besonderen Sicherheitsmaßnahmen gerechnet werden.

Zur Lagerung und Fortleitung ist infolgedessen das bekannte Verfahren M a r t i n i & H ü n e k e der gleichnamigen Maschinenbau-A.-G. in Berlin angewandt worden, bei welchem an Stelle der Luft in die Brennstoffbehälter Kohlensäure oder Stickstoff eingeleitet wird.

Bekanntlich ist zu jeder Verbrennung Sauerstoff notwendig; ist dieser nicht vorhanden, kann weder Verbrennung noch Explosion erfolgen. In sechs der Kielform des Bootes angepaßten Behältern sind die Hauptvorratsmengen des Brennstoffes untergebracht und wird von diesen Gefäßen aus ein kleiner, ca. 80 l fassender Druckbehälter gefüllt.

Durch den Druck des nicht explosiblen Gases wird der Brennstoff direkt zu den Vergasern der Motoren gefördert. Diese Zufuhr geschieht durch sog. bruchsichere Rohre, bei welchen ein Ausfließen des Brennstoffes bei Zerstörung unmöglich ist. Indem um das Flüssigkeitsrohr ein zweites Rohr gelegt wird, welches mit dem Gasraum des Behälters in Verbindung steht, wird bei Bruch der Druck abblasen und der Brennstoff in den Behälter zurückfallen.

In ähnlicher Weise sind auch die Armaturen ausgebildet, wie überhaupt darauf gesehen ist, in zwangläufiger Art die Zufuhr der Schutzgase zu erreichen.

Beispielsweise dient eine besondere Steuerung dazu, während der Füllung des Druckbehälters das freiwerdende Gas in die sechs Vorratsbehälter übertreten zu lassen.

Das zum Betrieb nötige Schutzgas (Kohlensäure oder Stickstoff) wird in vier Stahlflaschen mitgenommen, welche nach jeweiliger Entleerung über Bord geworfen werden können, wenn man sie nicht länger als Ballast gebrauchen will.

Das nötige Quantum Schmieröl wird in Kanistern, das Trinkwasser in zwei hölzernen Fässern mitgeführt.

Die Beleuchtungskörper, wie Glühlampen, Scheinwerfer usw., wurden durch das liberale Entgegenkommen und die Vermittelung des Direktors R e m a n é der Deutschen Gasglühlichtgesellschaft in Berlin gratis zur Verfügung gestellt; ebenso die Akkumulatoren von der »Varta«-Akkumulatorengesellschaft in Oberschöneweide, deren Direktor K r a u s h a a r ein hohes Interesse an der Expedition nimmt.

Diese Akkumulatoren bestehen aus sechs Teilen mit einer Kapazität von 30 Amperestunden, so daß im ganzen mit 180 Amperestunden gerechnet werden kann.

Diese Sechsteilung hat den Zweck, daß, wenn an einem Element eine Störung eintritt, nicht die ganze Batterie in Unordnung gerät, sondern, daß immer noch die übrigen betriebsfähig bleiben.

Da die ganze Batterie nahezu 150 kg wiegt, kann nach Ausnützung von jedem Sechstel dieses über Bord geworfen und die Last um ca. 25 kg erleichtert werden.

Im Boot sind alle meteorologischen, nautischen und aeronautischen Instrumente untergebracht, die teils vom Reichsmarineamt, teils von Privaten zur Verfügung gestellt worden sind.

Vom Boote aus führt eine Jakobsleiter zum Laufsteg hinauf, der hauptsächlich zum Verstauen von Brennstoff in Kanistern und zur Lagerstätte der ruhebedürftigen Aeronauten dienen soll.

Für Luftschiffe sowohl wie für Freiballons ist die Ballastregelung eine der schwierigsten Aufgaben und das Haushalten mit dem Ballast eine der wichtigsten Pflichten des Piloten.

Das Luftschiff »Suchard« wird mindestens 1000 kg Ballast in verschiedenster Form, besonders als Wasser, mit sich führen, und da die Fahrt über den Ozean und vor allem in einer Region verläuft, in der es weder Berg- noch Talwinde, weder Böen noch Gewitter gibt, und die Temperatur von Sonnenuntergang bis zum Sonnenaufgang kaum mehr als 2^0 C Unterschied aufweist, wird der Pilot das Luftschiff viel leichter, und zwar stundenlang in einer Gleichgewichtslage erhalten können, als bei irgendeiner Fahrt in unseren Breiten. Wenn aber die Sonne aufgegangen ist und ihre sengenden Strahlen auf die Gashülle herabsendet, dann wird sich das Wasserstoffgas erwärmen, allerdings wegen des großen Volumens (10 400 cbm) nur allmählich.

Diesem Anheizen soll nun durch die bereits erwähnte Berieselungsanlage vorgebeugt werden, indem schon vor Sonnenaufgang die Tülldecke, welche über dem Rücken des Ballons hängt, mit Wasser getränkt wird, das verdunstet, wenn es von den Sonnenstrahlen getroffen wird, und dadurch die Gashülle abkühlt.

Die Hauptschwierigkeit für die Berieselung sowie die Wasserballastaufnahme liegt im Heraufholen von Seewasser.

Mannigfache Versuche sind gemacht worden, um den Gefäßen die Form zu geben, welche sie schließlich erhalten haben und welche der des Ballons ähnlich ist.

Am Kopfende befinden sich vier runde Löcher, so daß das Wasser nur langsam eindringen kann und alles Reißen und Stoßen vermieden wird. Die sechs Gefäße, welche der »Suchard« mitnimmt, sind aus Stahlblech hergestellt und fassen jedes ungefähr 25 l Wasser. Jedes Gefäß hängt an einem dünnen Drahtseil von ca. 1 m Länge, dessen oberes Ende mit einem drehbaren Karabinerhaken versehen ist, mittels dessen es an die Schlaufe des Aufwindeseils gehängt wird.

Die Winde selbst steht am Heck und wird durch die Maschine betrieben, ist aber für den Notfall auch für Handbetrieb eingerichtet.

Das Heraufholen von Wasser ist unter gütiger Mitwirkung der Kaiserl. Marine durch verschiedene Versuche ausprobiert worden, und selbst bei einer Fahrtgeschwindigkeit von 20 Meilen pro Stunde leisteten die Wassergefäße einen so geringen Widerstand, daß die erfahrensten Seeleute über den geringen wirklichen Widerstand in höchstes Erstaunen versetzt wurden.

Über Wasseranker und Schlippvorrichtung des Luftschiffes »Suchard« äußerte sich Korvettenkapitän a. D. Konrad F r i e d l ä n d e r in den »Kieler Neuesten Nachrichten« wie folgt:

Die Gondel des Motorluftschiffes »Suchard« besteht aus einem seetüchtigen Boot. Es ist wohl angebracht, an dieser Stelle die Einrichtungen zu besprechen, die an dem Flugschiff getroffen sind, um ein nach Möglichkeit gesichertes Z u w a s s e r l a s s e n d e s B o o t e s , falls dies erforderlich werden sollte, durchzuführen. Nochmals wird betont, daß eine W a s s e r l a n d u n g bei der Fahrt über den Ozean von vornherein n i c h t b e a b s i c h t i g t ist, jedoch bis zu einem gewissen Grade vorbereitet sein muß, wenn das Boot seinen Zweck als solches erfüllen soll.

Bei der Aufgabe, die dem Seemann der Expedition hierbei gestellt ist, handelt es sich um ein Manöver, das in ähnlicher Weise beim Z u w a s s e r l a s s e n d e r B o o t e v o n S c h i f f e n i n F a h r t ausgeführt wird, und dessen Bedingungen für eine glückliche Durchführung bekannt sind. Es handelt sich in kurzem zunächst darum, den Ballon, der gewissermaßen die Rolle des Schiffes übernimmt, in diejenige Richtung zu bringen, in der das Boot die Wasseroberfläche erreichen muß, ferner, die Geschwindigkeit soweit wie angängig herabzusetzen, und endlich das Boot bei der Berührung mit der See oder unmittelbar vorher mit Sicherheit und momentan vollständig vom Ballon zu lösen. Die beim Luftschiff »Suchard« hierfür getroffenen Einrichtungen sind mit Rücksicht auf das nicht durchweg seemännisch geschulte Personal so einfach wie möglich gehalten. Auf die Mitwirkung der Maschinen und Luftschrauben ist hierbei verzichtet, weil deren Funktionieren im Moment des Zuwassergehens nicht mit völliger Sicherheit angenommen werden kann, weil ferner die Ausleger mit den Luftschrauben besser vor der Wasserlandung über Bord geworfen werden (wozu sie eingerichtet sind) und die Maschinenräume des Bootes geschlossen werden müssen. Aus diesem Grunde war es nur möglich, den Ballon durch an seinem Hinterende befestigte schwere Schleppleinen (von mehreren 100 m Länge) mit sog. W a s s e r a n k e r n zu zwingen, vor dem Winde zu treiben, so daß das Boot mit dem Bug in der Fahrtrichtung und nicht quer zur See ins Wasser kommen muß. Die Geschwindigkeit des Ballons wird durch diese Schleppleinen bereits erheblich herabgesetzt. Am Hinterteil des Bootes befinden sich weitere Schleppleinen mit Wasserankern, deren Widerstand man vom Boot aus regulieren kann, die beim Tiefersinken des Ballons von selbst in Tätigkeit treten, die Geschwindigkeit noch mehr mäßigen und endlich nach dem Detachieren (Loslösen) ein Querschlagen des Bootes durch die See verhindern sollen. Der Ballon und damit das Boot werden vorher mit dem hinteren Ende etwas tiefer gestellt, damit das Boot beim Eintauchen in das Wasser sich mit dem Bug nicht in die See eingraben kann.

Im n o r m a l e n Z u s t a n d e hängt die Bootsgondel an 14 Stahlseilen am Ballon, die jedoch so stark bemessen sind, daß es im Notfalle bereits von vieren getragen wird. Um die Last möglichst gleichmäßig auf den Ballonkörper zu verteilen, werden die Leinen in bekannter Weise verzweigt und enden

Das Boot am Krahn der Germaniawerft über Wasser.

jede in 16 Schlaufen am Tragegurt des Ballons. Ein gleichzeitiges momentanes Lösen der 14 Stahlseile am Boot ist auch bei geübtem Personal und guten Schlippvorrichtungen nicht durchzuführen. Nur die wichtigsten acht mittleren Seile sind daher mit einer S c h l i p p v o r r i c h t u n g verbunden, so daß sie mit Sicherheit mit einem Handgriff gelöst werden können, während der Rest der Seile einzeln mit Schlippschäkeln am Boote befestigt ist und vor der Betätigung der Schlippvorrichtung gelöst werden muß. Die Schlippvorrichtung selbst besteht in der Hauptsache aus zwei starken, an den Außenseiten in Längsrichtung des Bootes horizontal gelagerten Stahlwellen, die nach einer Vierteldrehung die an den Enden mit Augen aufgehakten Stahlseile freigeben. Diese

Drehung erfolgt selbsttätig durch die Zugkraft der Seile, sobald im Boot die
Verbindung zwischen den beiden Wellen mit einem Handgriff gelöst wird.
Die Anordnung der übrigen Stahlseile auf einzelne Schlippschäkel ist so getroffen, daß die zwei vordersten, zwei mittelsten und zwei hintersten gelöst
werden können, ohne daß die Gewichtsverteilung am Ballon ungünstig beein-
flußt wird. Die dann außer der Schlippvorrichtung noch übrigen vier Stahlseile sind ebenfalls mit Schäkel am Boot befestigt, jedoch außerdem mit D r a h t-
s t a n d e r n mit der gemeinsamen Schlippvorrichtung so verbunden, daß sie
beim Lösen ihrer Einzelschäkel von der Schlippvorrichtung mit getragen werden.

Das Boot im Moment des Schlippens.

Hierdurch wird erreicht, daß vor dem endgültigen Lösen der Ballon an jeder
Seite von noch vier Stahlleinen mit dem Boot verbunden ist. Die Zahl von
mindestens acht Seilen war erforderlich, um den Ballonkörper am Tragegurt
an so vielen Stellen zu stützen, daß eine Formveränderung oder ein Einknicken
der Hülle nicht eintritt. Durch die Unterteilung wird es ferner erreicht, daß
beim unbeabsichtigten Funktionieren der Schlippvorrichtung in der Luft
keine Katastrophe eintritt und das Boot dann an zehn Seilen am Ballon hängen
bleibt, wobei man die Schlippvorrichtung wieder in Ordnung bringen kann.
Alle Stahlseile sind nicht direkt mit den Schlippschäkeln am Boot befestigt,
sondern auf Taljereps angesetzt, um ein genaues Verpassen und Einstellen der

Längen zu erleichtern. Die vier Stahlseile, die durch einen Stander mit der Schlippvorrichtung verbunden sind, sind auf Talje gesetzt, damit sie gleichmäßiger und bequemer in die Stander eingeführt werden können. Mit diesen vier Taljen kann man außerdem, wenn eine schon vorbereitete Wasserlandung nicht ausgeführt zu werden braucht, die vier dazugehörigen Drahtseile wieder auf die alten Befestigungsstellen setzen und so die Schlippvorrichtung zum Teil entlasten und das Gewicht besser verteilen. Beim F e r t i g m a c h e n d e s B o o t e s zu einer Wasserlandung ist es daher nur nötig, zehn einfache Schlippschäkel zu lösen, oder, wenn Zeit vorhanden ist, die Taljen und Taljereps aufzufieren; schlimmstenfalls genügt ein Zerschneiden oder Kappen der Läufer, um das Schlippen des Bootes in eine Hand zu legen.

Auf der G e r m a n i a w e r f t ist das Boot zur Erprobung mit acht Stahlseilen an seiner Schlippvorrichtung an einem Gestell aufgehängt worden, bei dem die Richtung der Stahlseile vom Gestell genau derjenigen entsprach, die diese vom Boot nach dem Ballon haben werden. Das Boot ist sodann, mit Personal besetzt, verschiedene Male geschlippt worden, wobei sich die Einrichtung gut bewährt hat und auch der an vier Stellen getragene Bootskörper sich in keiner Weise verzog. Die Germaniawerft hat in kürzester Zeit außer der Schlippvorrichtung noch eine Reihe von Konstruktionen und Verbesserungen am Boot und an Maschinen ausgeführt, die sich als wünschenswert oder notwendig herausgestellt hatten.

Zu bemerken wäre noch, daß, wenn es zu einer längeren Wasserfahrt kommen, das Brennmaterial ausgehen oder die Maschinerie unbrauchbar werden sollte, auch ein Mast und das nötige Segelzeug vorgesehen sind, um mit dem Passat und der in gleicher Richtung laufenden Meeresströmung eine der westindischen Inseln zu erreichen.

c) Die Maschinenanlage.

Da das Luftschiff sowohl imstande sein soll, Zwischenlandungen auf dem Wasser vorzunehmen, als auch im schlimmsten Falle damit zu rechnen ist, daß irgendwelche Umstände der Luftfahrt ein vorzeitiges Ende setzen, so mußte eine der Hauptanforderungen an die Gondel die der absoluten Schwimmfähigkeit sein. Es lag deshalb nahe, den ganzen maschinellen Antrieb in einen s e e t ü c h t i g e n M o t o r b o o t s k ö r p e r einzubauen. Die Lösung dieser Aufgabe zeigte sich — so einfach und selbstverständlich die Idee an sich ist — dessenungeachtet recht schwierig, denn Schiffbauer und Luftschiffbauer standen sich hier gegenüber. Was der eine als absolut notwendig erachtete, erschien dem anderen nebensächlich, der eine wollte ein Motorboot bauen, der andere lediglich eine schwimmfähige Luftschiffgondel haben. Am zweckmäßigsten erschien die Lösung auf der Basis des Luftschiffbauers, denn die Hauptaufgabe blieb doch immer die, die ganze ca. 4000 km lange Strecke durch die Luft zurückzulegen. Nur im äußersten Notfalle sollte man die Möglichkeit haben, auf das Wasser herunterzugehen und event. die jetzt zwecklose Hülle von der Gondel abzulösen und fortfliegen zu lassen. Man muß dann in der Lage sein, in der schwimmfähigen Gondel Land zu erreichen. Demgemäß war der Hauptgesichtspunkt die betriebssichere Unterbringung der Maschinen- und Propeller-

Das Boot mit den prämiierten »Z e i s e«-Probe-Propellern.

anlage sowie der Brennstoffvorräte und erst in zweiter Linie kam der Ausbau der Gondel als Boot. Und so stellt sich diese in der Hauptsache als schwimmfähige Schale für die 200 PS starke Maschinenanlage dar, die fast den ganzen Raum ausfüllt. Der schon in Abschnitt IV erwähnte, sich als notwendig erwiesene Umbau der maschinellen Anlage gestaltete sich nun folgendermaßen.

An die Stelle des früheren 4 Zyl.-Eschermotors, bei dem ein gleichzeitiges Zusammenarbeiten mit dem 6 Zyl.-N.A.G.-Motor aus technischen Gründen bedenklich gewesen wäre, tritt nunmehr ein zweiter 6 Zyl.-N.A.G.-Motor. Jede der beiden Maschinen leistet ca. 110 PS bei 1100 Touren-Min. Beide Maschinen stehen in einer Linie hintereinander, die eine ist das Spiegelbild der andern, so daß sie mit den Schwungrädern gegeneinanderstehend eine gemeinsame Drehrichtung haben. Bei beiden Maschinen liegen die Bedienungsorgane auf ein und derselben Seite, die Auspufftöpfe auf der anderen. Jeder Motor ist mit einer Kupplung versehen und arbeitet auf ein gemeinsames Kegelradgetriebe, von dem durch schrägstehende Cardanwellen die Kraft nach den Luftpropellern abgeführt wird. Alle rotierenden Getriebeteile bewegen sich in Kugellagern; das Gehäuse besteht aus Alluminiumguß. Das Getriebe ist ferner so eingerichtet, daß in wenigen Minuten der Antrieb für den Wasserpropeller eingeschaltet werden kann; dieser Antrieb geschieht durch eine Kette; die Übertragung nach dem Propeller vermittelt eine Cardanwelle. Es ist also auch hier die Möglichkeit offen, jeden der beiden Motoren auf die Schiffsschraube arbeiten zu lassen.

Die beiden Luftpropeller sind in kräftigen Auslegerböcken aus Stahlrohr gelagert, die in solider Weise sowohl gegeneinander, als auch gegen das Getriebe abgestützt sind. Dadurch ist bewirkt, daß Maschinenfundament bzw. Getriebe und Propellerböcke ein statisches Gerippe für sich bilden und die Kräfte, ohne den Bootskörper in Mitleidenschaft zu ziehen, direkt auf die Propellerböcke übertragen werden. Der Axialschub wird unmittelbar durch eine Rohrstrebe auf den Deckstringer und die Außenhaut des Bootes übertragen. Die dreiflügeligen Holzpropeller haben einen Durchmesser von 3,5 m und drehen sich mit ca. 400 Umdrehungen pro Minute. Die Steigung der Flügel ist veränderlich, um die Leistung der Propeller der jeweiligen Maschinenleistung anpassen zu können, d. h. um je nach Bedarf mit einem oder mit beiden Motoren fahren zu können. Bei der konstruktiven Durchbildung der Luftpropelleranlage war zu berücksichtigen, daß die nach beiden Seiten weit auslegenden Böcke samt Cardanwellen und Propellern in möglichst kurzer Zeit abmontiert und leicht an Deck bzw. im Boot zu verstauen sein müssen; denn selbst für den Fall eines vorzeitigen Abbruches der Luftreise soll möglichst das gesamte Material einschließlich Hülle geborgen werden.

Die Kühlung der beiden Hauptmaschinen geschieht durch Wasser, und zwar für die Luftfahrt durch Oberflächenkühler, die vorn auf Deck des Bootes ihren Platz gefunden haben.

Für die event. Wasserfahrt wird die Kühlerleitung ausgeschaltet und das erforderliche Wasser durch einen Bodenhahn direkt von außenbords angesaugt und nach Durchlaufen der Motoren wieder über Bord gepumpt. Die vorne hochstehenden und nun entbehrlichen Kühler können entfernt und flach auf dem Vordeck verstaut werden. Die beiden Kühler sind mit Ventilatoren versehen, welche durch eine über die ganze Bootslänge reichende Transmission getrieben werden. Auf diese Transmission arbeitet jeder Hauptmotor durch Riementrieb.

Die Riemen laufen direkt auf den Schwungrädern der Motoren, während die Scheiben auf der Transmissionswelle mit selbsttätigen Freilaufkupplungen versehen sind, so daß der Riemenantrieb des jeweils stillstehenden Motors ausgeschaltet ist. An die Transmission sind die für den Fahrbetrieb erforderlichen Hilfsmaschinen angeschlossen: in erster Linie der Ballonetventilator, der den für das Prallhalten der Hülle notwendigen Überdruck erzeugt; es ist ein Siroccoventilator, dessen Flügelrad direkt auf der Transmissionswelle sitzt. Der Ventilator arbeitet also dauernd; die Betätigung des Ballonets geschieht durch Drosselklappe und Rückschlagventil vom Führerstand aus. Von der Transmission angetrieben werden ferner die Dynamos für die funkentelegraphische Einrichtung sowie eine Ballastwinde zum Aufholen von Wasserballast; auf sie kann schließlich noch ein Hilfsmotor von 6 PS arbeiten, sobald es sich lediglich um Bedienung der Hilfsmaschinen handelt. Zu diesem Zweck ist ein luftgekühlter 1 Zyl.-N.S.U.-Motor eingebaut, der auch zum Anwerfen der großen Motoren benutzt wird.

Es bedarf wohl keiner Erwähnung, daß die letzteren auch von Hand angedreht werden können, ebenso wie auch für den Ballonetventilator ein Reservehandantrieb vorgesehen ist.

d) Die instrumentelle Ausrüstung.

Die instrumentelle Ausrüstung eines Luftschiffes ist in der Regel wenig umfangreich. Bei den sogenannten Prall-Luftschiffen, bei denen die Erhaltung der Form durch einen geringfügigen Überdruck des Füllgases gegen die umgebende Luft bewirkt wird, dient eine einfache Manometeranordnung zur stetigen Kontrolle der Druckverhältnisse im Ballonet und Gasraum. Diese Manometereinrichtung gehört mit zu den wesentlichen Bestandteilen des Tragkörpers, ebenso wie Sicherheits- oder Manövrierventile. Außerdem finden wir an Bord der Luftschiffe zumeist noch einen Kompaß, gutgehende Uhren, ein Aneroid, hin und wieder auch noch andere meteorologische Instrumente, ein Variometer sowie eine Wasserwage. Apparate zur astronomischen Ortsbestimmung wurden zwar schon mehrmals im Luftschiffe erprobt, gehören aber heute noch nicht zur unabweisbaren Ausrüstung.

Wesentlich umfangreicher gestaltet sich die instrumentelle Einrichtung des »Suchard«. Sie muß für alle Fälle genügen, d. h. sie muß sowohl eine sichere Navigation in der Luft ermöglichen wie auch der Eventualität einer Seefahrt Rechnung tragen. Solange ein Luftschiff über bewohnte oder kartographisch gut bearbeitete Länderflächen hinwegfliegt, ist, wenigstens bei Tage, die Orientierung leicht durchzuführen, aber selbst zur Nachtzeit ermöglichen beleuchtete Bahnstrecken und andere Lichtsignale eine in den meisten Fällen genügende Standortsbestimmung des Luftschiffes. Hingegen kann über weiten Meeresflächen, sobald das Luftschiff außer Sicht bekannter Küstenlinien sich befindet,

nur die astronomische Ortsbestimmung in Anwendung kommen. Es kann hier
nicht die Rede davon sein, welche M e t h o d e n für die einzelnen Fälle den
Vorzug verdienen; diese Frage beantwortet sich aus der Bauart des Luftschiffes
und aus den astronomischen Verhältnissen der zu durchfahrenden Gegenden.
Die Lösung der auftretenden Aufgaben verlangt immer in erster Linie die
möglichst genaue Höhenbestimmung günstiger Gestirne, deren Resultate in
Verbindung mit guten Zeitangaben die Standortsbestimmung des Luftschiffes
ermöglichen.

An Bord des »Suchard« stehen an Höhenmeßinstrumenten ein L i b e l-
l e n q u a d r a n t von B u t e n s c h ö n in etwas modifizierter Bauart, ferner
ein Exemplar des neuen P e n d e l q u a d r a n t e n von L i e t z a u (Dan-
zig) sowie ein neuer nach Angaben von Dr. E. Alt gebauter Quadrant zur
Verfügung. Sämtliche Apparate gestatten die Festlegung der Gestirnshöhe
ohne Berücksichtigung der Kimm oder eines künstlichen, außerhalb des Appa-
rates befindlichen Horizontes. Für den Fall, daß es zur Seefahrt kommt, dient
noch ein von P l a t h (Hamburg) gelieferter Sextant zur Observation. Die
genaue Zeitbestimmung gewährleistet ein durch das Kaiserl. Reichsmarineamt
überwiesenes Chronometer, das, nach Stand und Gang genau geprüft, in einem
eigenen Spind vorschriftsmäßig untergebracht ist. Außerdem wurden der Expedition durch die bestrenommierte N o m o s - U h r e n - G e s e l l s c h a f t Dresden
fünf Beobachtungsuhren zur Verfügung gestellt, von denen eine für Stern-
zeit reguliert ist. Die Uhren haben während der Prüfungsperiode allen Anforderungen hinsichtlich Gang und Temperatur-Unempfindlichkeit vollauf
entsprochen.

Ferner wird das Boot mit zwei kompensierten F l u i d k o m p a s s e n
mit Peilvorrichtung ausgestattet. Diese werden wiederum auf Anweisung
des Kaiserlichen Reichsmarineamtes von der Kieler Werft gestellt und an
Ort und Stelle der Kompensation unterworfen. Die K a i s e r l i c h e S e e-
w a r t e H a m b u r g überläßt der Expedition ein sogenanntes Walkersches
Harpoonlog zu Versuchszwecken. Die hiermit anzustellenden Experimente
sollen Aufschluß über die Frage geben, ob die Gewinnung eines sogenannten
gegißten Besteckes bei Fahrten des Luftschiffes über weite Wasserflächen
möglich ist. Auch mit Hilfe von Bojen, die auf die Meeresoberfläche geworfen
und vom Luftschiff gepeilt Aufschluß über die augenblickliche Geschwindigkeit des Schiffes geben sollen, werden Versuche angestellt werden.

Selbstverständlich ist das Luftschiff mit den nötigen K a r t e n und Ta-
bellen sowie nautischen Büchern versehen, so daß also seine navigatorischen
Fähigkeiten, soweit instrumentelle Ausrüstung hierbei in Frage kommt, allen
Anforderungen entsprechen.

Die Aufstellung vorzüglicher A n e r o i d e sowie zweier Variameter,
von denen das eine nach Angaben von Professor P r e c h t von der Firma
H a a s e in Hannover, das andere nach B e s t e l m e y e r von S p i n d l e r

und H o y e r in Göttingen fabriziert wurde, sichern die vertikale Navigation des Luftschiffes. Während der Nacht wird das Sinken des Schiffes unter ein bestimmtes kritisches Niveau mit Hilfe besonders konstruierter Vorrichtungen durch akustische Signale rechtzeitig angezeigt, so daß Vorkehrungen früh genug getroffen werden können.

Die meteorologischen Verhältnisse des Luftozeans in der nächsten Umgebung des Fahrzeuges werden mit Hilfe eines aspirierten Baro-Thermo-Hygrographen aufgezeichnet, der von einem M ü n c h e n e r F ö r d e r e r der Luftschiffahrt unserer Expedition überlassen wurde. Durch die Munifizenz der weltbekannten Firma G ö r z erhielt die Expedition zwei vorzügliche, sogenannte Nacht-Marine-Gläser, sowie eine Tropen-Kamera. Einen weiteren photographischen Apparat stellte die rühmlichst bekannte Firma R i e t s c h e l in München zur Verfügung. Die chemische Fabrik J. H a u f f, Feuerbach b. Stuttgart, überließ eine größere Menge ihrer erstklassigen photographischen Trockenplatten.

Wir mußten uns hier darauf beschränken, nur die instrumentelle Ausrüstung des Bootes zu besprechen. Selbstverständlich werden Werkzeuge, Taue, Rettungsgürtel und was sonst für die weite Reise erforderlich erscheint, in genügender Menge an Bord gebracht. Die Verproviantierung erfolgt in einem Ausmaße, daß selbst eine mehrwöchige Seefahrt möglich wäre.

Von deutschen und ausländischen Firmen, die uns bisher in liberaler Weise entgegengekommen sind, nennen wir:

Vacuum Oil Co., Lissabon; Liebig Extract of Meat Co. Ltd., Antwerpen; Türk & Pabst, Röbig & Funk, Frankfurt a. M.; Johannes Eckart, München; Baltische Korkenfabrik, Kiel; Chemnitzer Reformbettenfabrik, Chemnitz; Kaufhaus Oberpollinger, München; Deutsche Tachometerwerke, Berlin; Ernst Gottlieb Hammesfahr, Solingen; Marswerke, Nürnberg; Karl Schwaiger (Hofseiler), München; Dr. Theinhardt, Cannstadt; Pfälzer Naturweinvertriebs-Gesellschaft, Neustadt a. H.

Nachwort.

Von Admiralitätsrat Prof. **W. Koeppen.**

Die freundliche Einladung der Herren Leiter des großen Unternehmens
gibt mir erwünschte Gelegenheit, meiner Überzeugung von der Güte desselben
Ausdruck zu geben und einige ergänzende Bemerkungen dem Vorstehenden
hinzuzufügen.

Zum Gelingen einer Expedition dieser Art gehört das günstige Zusammen-
wirken von drei Bedingungen: den natürlichen Verhältnissen, dem Fahr-
und Werkzeug und den Menschen. Wenn eine dieser Bedingungen versagt,
ist der Erfolg, mindestens ein ganzer Erfolg, nicht möglich.

Daß die natürlichen Verhältnisse auf der gewählten Strecke ganz besonders
günstig liegen, ist oben im 2. und 5. Abschnitt klar dargelegt. Nicht umsonst
haben die alten spanischen Seefahrer diese Strecke »el golfo de las damas« genannt,
weil eine Frau am Steuerruder genüge. Wenn der Passat auch nicht ganz frei
von Störungen, selbst außerhalb der Orkanzeit, ist, so ist er doch nach der
Beständigkeit seiner Richtung und Stärke in seiner untersten Schicht unver-
gleichlich günstiger für solche Zwecke, als unsere veränderlichen Winde. Da
man wegen der Eigenbewegung des Luftschiffes alle Winde, die nicht mehr als
5 Strich (56⁰) von seiner Fahrtrichtung abweichen, zu den günstigen rechnen
darf, so kann man sagen, daß in diesem Meeresteil mehr als $9/_{10}$ aller Winde
aus für die Fahrt günstiger Richtung wehen, und zwar großenteils in einer er-
wünschten mäßigen Stärke. Auch das Wetter ist, wenigstens wenn die Monate
Juli bis Oktober vermieden werden, dort weit geeigneter für ein solches Unternehmen, als in der ganzen gemäßigten Zone. Für den ersten Versuch einer
mehrtägigen ununterbrochenen Luftschiffreise ist wohl, mit Ausnahme Poly-
nesiens, kein anderer so geeigneter Raum auf der Erde zu finden; denn die anderen Passatstrecken, die von Land zu Land führen, sind weit länger, und auf
den Festländern ist der Passat nicht entfernt so stetig und ist jeder Wind weit
weniger frei von Wirbeln und Wellen, als auf dem Ozean. Auch wenn die Mo-
tore unbrauchbar werden sollten, ist die Wahrscheinlichkeit, in die Nähe be-

wohnten Landes zu kommen, groß; und auch ein vorzeitiges Niedergehen auf das Wasser wird, so unerwünscht es ist, zu keiner Katastrophe führen, da alle Vorbereitungen dafür so sorgfältig getroffen sind und es sich um ein leicht befahrbares Meer handelt. Nur in einer Hinsicht haben die Polarregionen einen Vorzug vor den Passatgegenden: bei dem Fortfall des Wechsels von Tag und Nacht im Hochsommer wird das unwillkommene Auspumpen des Ballons durch abwechselnde Erwärmung und Abkühlung dort auf die abwechselnde Beschattung durch Wolken und folgende Besonnung beschränkt, während im Passat zwar die tägliche Schwankung der Lufttemperatur auf dem Ozean auch nur sehr gering ist, die Temperaturwechsel des Ballongases aber durch den Wechsel von Besonnung und Ausstrahlung wahrscheinlich sehr groß sind, wenn nicht künstliche Mittel dagegen ergriffen werden. Aber dieser Vorteil wird durch die Gefahr des Verlorengehens in den Eiswüsten der Polarwelt weit mehr als aufgewogen.

Auf das Fahrzeug und seine Ausrüstung einzugehen, muß ich mir als Nicht-Fachmann versagen. Sein Bau ist seinem Zweck angemessen, der ein ganz anderer ist, als der eines Militärluftschiffes in Europa. Dieses muß eine Eigengeschwindigkeit anstreben, die groß genug ist, um selbst gegen heftigen Wind aufzukommen und bei schwachem Wind sehr schnell seinen Ort ändern zu können. Für den Suchard genügt es, wenn er recht lange in der Luft bleiben kann, also große Tragkraft hat, und dabei den Ort seiner Landung innerhalb eines beträchtlichen Winkels wählen kann. Für den Zweck der Expedition war deshalb eine rundliche, sehr volle Spindel die gegebene Form des Ballonkörpers, die dem Luftschiff gestattet, etwa wie eine behäbige Kuff mit raumem Winde dahinzusegeln, während der Militärballon wie ein Schnelldampfer gegen den Sturm fahren können muß. Da aber das Luftschiff, des Haltes am Wasser entbehrend, die erforderliche Fahrt unter einem Winkel zur Windrichtung nur durch die Mitwirkung des Motors erhält, so war die Mitnahme von mehr als einem Motor eine Notwendigkeit, da so leichte Motoren bekanntlich sehr leicht Störungen unterworfen sind; und aus demselben Grunde war die Ausstattung des seetüchtigen Bootes, das seine Gondel bildet, mit Mast und Segel eine verständige Vorsicht.

Allein noch wichtiger als die der Motoren, ist die dauernde Leistungsfähigkeit der Menschen, besonders in kritischen Momenten; und auf diesen Punkt darf daher sicher nicht weniger Sorgfalt verwendet werden. Man darf nicht vergessen, daß eine Ballonfahrt von etwa einer Woche noch nie gemacht worden ist und daß möglicherweise der letzte Abschnitt der Reise in kleinem Boot auf einem wenig befahrenen Teil des Ozeans gemacht werden muß, nach einem größte Geistesgegenwart verlangenden Übergangsmanöver. Sowohl Auswahl und Einübung des Personals, als auch möglichste Konservierung seiner Kräfte und Nerven durch die nötigen Ruhepausen und Schlaf sind für das Gelingen des großen Unternehmens entscheidend. Diese letztere Bedingung wird sehr häufig im Eifer der Begeisterung vernachläßigt. Der Plan, die Motoren nur am Tage arbeiten zu lassen, und in der Nacht das Luftschiff nur mit dem Winde treiben zu lassen, damit das Personal, bis auf eine ausgestellte Wache durch Schlaf Kräfte sammeln kann, scheint daher durchaus empfehlenswert, obgleich der Weg durch den Zickzackkurs natürlich verlängert wird.

Das Unternehmen wird, wenn es gelingt, eine wichtige Etappe sein in der Entwicklung des Luftschiffs zu einem regelrechten Beförderungsmittel. Es läßt sich noch durchaus nicht sagen, wie weit diese Entwicklung führen wird; wenn zu keinem praktisch verwendbaren, so dürfte sie mindestens zu einer höchst anregenden und genußreichen Reisegelegenheit führen, die dazu mitwirkt, unsere Vorstellungen wesentlich zu erweitern und zu vertiefen.

Der Aufschub, den die Reise erfahren hat, führt hoffentlich zu einer Verschärfung der Garantien für deren Gelingen. Ihr möglichst vollkommenes Gelingen ist sicherlich eine weit wichtigere Frage, als ihr Zustandekommen in diesem Jahre. Hoffentlich werden deshalb nicht Nebenrücksichten zu einer Abkürzung der notwendigen Vorbereitungszeit oder zur Wahl einer weniger günstigen Jahreszeit führen.